はじめに

　新型コロナウイルス感染症の影響により、これまでの働き方が見直されており、スマートフォンやクラウドサービス等を活用したテレワークやオンライン会議など、距離や時間に縛られない多様な働き方が定着しつつあります。

　今後、第5世代移動通信システム（5G）の活用が本格的に始まると、デジタルトランスフォーメーション（DX）の動きはさらに加速していくと考えられます。

　こうした中、企業では、生産性向上に向け、ITを利活用した業務効率化が不可欠となっており、クラウドサービスを使った会計事務の省力化、ECサイトを利用した販路拡大、キャッシュレス決済の導入など、ビジネス変革のためのデジタル活用が進んでいます。一方で、デジタル活用ができる人材は不足しており、その育成や確保が課題となっております。

　日本商工会議所ではこうしたニーズを受け、仕事に直結した知識とスキルの習得を目的として、IT利活用能力のベースとなるMicrosoft®のOfficeソフトの操作スキルを問う「日商PC検定試験」をネット試験方式により実施しています。

　特に企業実務では、資料の内容を正確に相手に伝えることが大切です。また、資料作成のスキルは、個人のみならず企業全体の生産性向上につながる重要なものです。

　同試験の文書作成分野は、社内や社外向けの、簡潔でわかりやすいビジネス文書や資料の作成、その取り扱い等を問う内容になっております。

　本書は「文書作成3級」の学習のための公式テキストであり、試験で出題される、基本的なビジネス文書に関する知識やライティング技術を学べる内容となっております。

　本書を試験合格への道標としてご活用いただくとともに、修得した知識やスキルを活かして企業等でご活躍されることを願ってやみません。

2021年2月

日本商工会議所

日商PC Contents

Contents

本書をご利用いただく前に

本書で学習を進める前に、ご一読ください。

1 本書の記述について

説明のために使用している記号には、次のような意味があります。

記述	意味	例
⬚	キーボード上のキーを示します。	Enter　Delete
⬚＋⬚	複数のキーを押す操作を示します。	Ctrl ＋ End （Ctrl を押しながら End を押す）
《　　　》	ダイアログボックス名やタブ名、項目名など画面の表示を示します。	《ホーム》タブを選択します。 《ページ設定》ダイアログボックスが表示されます。
「　　　」	重要な語句や機能名、画面の表示、入力する文字列などを示します。	「ビジネス文書」といいます。 「拝啓」と入力します。

 Wordの実習

 学習の前に開くファイル

*　用語の説明

※　補足的な内容や注意すべき内容

 操作する際に知っておくべき内容や知っていると便利な内容

 問題を解くためのポイント

 標準的な操作手順

2019 Word 2019の操作方法

2016 Word 2016の操作方法

2 製品名の記載について

本書では、次の名称を使用しています。

正式名称	本書で使用している名称
Windows 10	Windows 10　または　Windows
Microsoft Office 2019	Office 2019　または　Office
Microsoft Word 2019	Word 2019　または　Word
Microsoft Word 2016	Word 2016　または　Word

3 学習環境について

本書を学習するには、次のソフトウェアが必要です。

Word 2019　または　Word 2016

本書を開発した環境は、次のとおりです。
- OS：Windows 10（ビルド19041.421）
- アプリケーションソフト：Microsoft Office Professional Plus 2019
  　　　　　　　　　　　　Microsoft Word 2019（16.0.10368.20035）
- ディスプレイ：画面解像度　1024×768ピクセル

※インターネットに接続できる環境で学習することを前提に記述しています。
※環境によっては、画面の表示が異なる場合や記載の機能が操作できない場合があります。

◆Office製品の種類

Microsoftが提供するOfficeには、「ボリュームライセンス」「プレインストール」「パッケージ」「Microsoft 365」などがあり、種類によって画面が異なることがあります。
※本書は、ボリュームライセンスをもとに開発しています。

●Microsoft 365で《ホーム》タブを選択した状態（2020年12月現在）

◆画面解像度の設定

画面解像度を本書と同様に設定する方法は、次のとおりです。

①デスクトップの空き領域を右クリックします。

②《ディスプレイ設定》をクリックします。

③《ディスプレイの解像度》の ✓ をクリックし、一覧から《1024×768》を選択します。
※確認メッセージが表示される場合は、《変更の維持》をクリックします。

◆ボタンの形状

ディスプレイの画面解像度やウィンドウのサイズなど、お使いの環境によって、ボタンの形状やサイズが異なる場合があります。ボタンの操作は、ポップヒントに表示されるボタン名を確認してください。
※本書に掲載しているボタンは、ディスプレイの画面解像度を「1024×768ピクセル」、ウィンドウを最大化した環境を基準にしています。

◆スタイルや色の名前

本書発行後のWindowsやOfficeのアップデートによって、ポップヒントに表示されるスタイルや色などの項目の名前が変更される場合があります。本書に記載されている項目名が一覧にない場合は、任意の項目を選択してください。

◆Wordの設定

日商PC検定試験の文書作成分野で扱っているWord文書では、日本語は「MS明朝」、英数字は「Century」に設定されています。また、表題や見出しのスタイルは「MSゴシック」に設定されています。

そのため、本書で使用する学習ファイルでは、次のように本文のフォントを設定しています。

> 日本語用のフォント：MS明朝
> 英数字用のフォント：Century

本書と同様に、本文のフォントを設定する方法は、次のとおりです。

※Wordを起動し、新規文書または既存の文書を開いておきましょう。

①《レイアウト》タブを選択します。

②《ページ設定》グループの 🔲 (ページ設定) をクリックします。

《ページ設定》ダイアログボックスが表示されます。

③《文字数と行数》タブを選択します。

④《フォントの設定》をクリックします。

《フォント》ダイアログボックスが表示されます。

⑤《フォント》タブを選択します。

⑥《日本語用のフォント》の ∨ をクリックし、一覧から《MS明朝》を選択します。

※一覧に表示されていない場合は、スクロールして調整します。

⑦《英数字用のフォント》の ∨ をクリックし、一覧から《Century》を選択します。

※一覧に表示されていない場合は、スクロールして調整します。

⑧《OK》をクリックします。

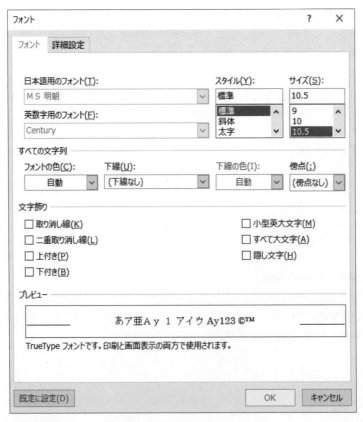

⑨《OK》をクリックします。

学習ファイルのダウンロードについて

本書で使用する学習ファイルは、FOM出版のホームページで提供しています。
ダウンロードしてご利用ください。

ホームページ・アドレス

https://www.fom.fujitsu.com/goods/

※アドレスを入力するとき、間違いがないか確認してください。

ホームページ検索用キーワード

FOM出版

◆ダウンロード

学習ファイルをダウンロードする方法は、次のとおりです。

① ブラウザーを起動し、FOM出版のホームページを表示します。

※アドレスを直接入力するか、キーワードでホームページを検索します。

②《ダウンロード》をクリックします。

③《資格》の《日商PC検定》をクリックします。

④《日商PC検定試験 3級》の《日商PC検定試験 文書作成 3級 公式テキスト&問題集 Word 2019／2016対応 FPT2010》をクリックします。

⑤「fpt2010.zip」をクリックします。

⑥ ダウンロードが完了したら、ブラウザーを終了します。

※ダウンロードしたファイルは、パソコン内のフォルダー《ダウンロード》に保存されます。

◆ダウンロードしたファイルの解凍

ダウンロードしたファイルは圧縮されているので、解凍（展開）します。
ダウンロードしたファイル「fpt2010.zip」を《ドキュメント》に解凍する方法は、次のとおりです。

① デスクトップ画面を表示します。

② タスクバーの ■ （エクスプローラー）をクリックします。

③《ダウンロード》をクリックします。

※《ダウンロード》が表示されていない場合は、《PC》をダブルクリックします。

④ ファイル「fpt2010」を右クリックします。

⑤《すべて展開》をクリックします。

⑥《参照》をクリックします。

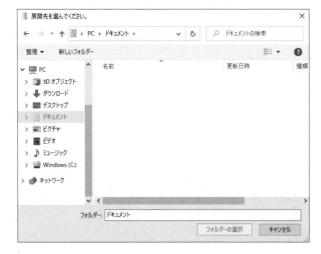

⑦《ドキュメント》をクリックします。
※《ドキュメント》が表示されていない場合は、《PC》をダブルクリックします。
⑧《フォルダーの選択》をクリックします。

⑨《ファイルを下のフォルダーに展開する》が「C:¥Users¥(ユーザー名)¥Documents」に変更されます。
⑩《完了時に展開されたファイルを表示する》を☑にします。
⑪《展開》をクリックします。

⑫ファイルが解凍され、《ドキュメント》が開かれます。
⑬フォルダー「日商PC 文書作成3級 Word 2019／2016」が表示されていることを確認します。
※すべてのウィンドウを閉じておきましょう。

◆学習ファイルの一覧

フォルダー「日商PC 文書作成3級 Word2019／2016」には、学習ファイルが入っています。タスクバーの 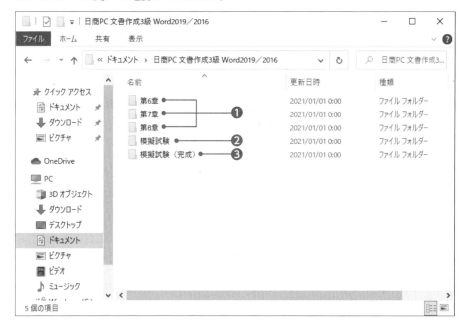（エクスプローラー）→《PC》→《ドキュメント》をクリックし、一覧からフォルダーを開いて確認してください。

❶第6章／第7章／第8章

各章で使用するファイルが収録されています。

❷模擬試験

模擬試験（実技科目）で使用するファイルが収録されています。

❸模擬試験（完成）

模擬試験（実技科目）の操作後の完成ファイルが収録されています。

◆学習ファイルの場所

本書では、学習ファイルの場所を《ドキュメント》内のフォルダー「日商PC 文書作成3級 Word2019／2016」としています。《ドキュメント》以外の場所に解凍した場合は、フォルダーを読み替えてください。

◆学習ファイル利用時の注意事項

ダウンロードした学習ファイルを開く際、そのファイルが安全かどうかを確認するメッセージが表示される場合があります。学習ファイルは安全なので、《編集を有効にする》をクリックして、編集可能な状態にしてください。

効果的な学習の進め方について

本書をご利用いただく際には、次のような流れで学習を進めると、効果的な構成になっています。

1 知識科目対策

第1章〜第5章では、文書作成3級の合格に求められる知識を学習しましょう。
章末には学習した内容の理解度を確認できる小テストを用意しています。

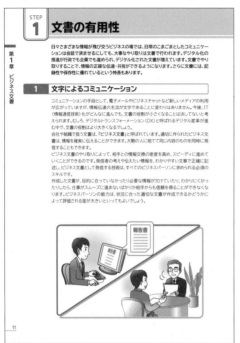

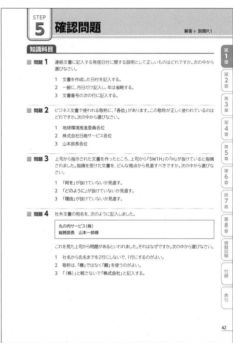

2 実技科目対策

第6章〜第8章では、文書作成3級の合格に必要なWordの機能や操作方法を学習しましょう。
章末には学習した内容の理解度を確認できる小テストを用意しています。

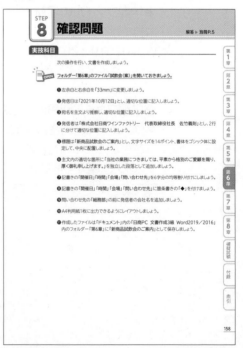

3 実戦力養成

本試験と同レベルの模擬試験にチャレンジしましょう。
時間を計りながら解いて、力試しをしてみるとよいでしょう。

4 弱点補強

模擬試験を採点し、弱点を補強しましょう。
間違えた問題は各章に戻って復習しましょう。
別冊に採点シートを用意しているので活用してください。

6　ご購入者特典について

模擬試験を学習する際は、「採点シート」を使って採点し、弱点を補強しましょう。
FOM出版のホームページから採点シートを表示できます。必要に応じて、印刷または保存してご利用ください。

◆採点シートの表示方法

 パソコンで表示する

① ブラウザーを起動し、次のホームページにアクセスします。

　https://www.fom.fujitsu.com/goods/eb/

　※アドレスを入力するとき、間違いがないか確認してください。

②「日商PC検定試験 文書作成 3級 公式テキスト&問題集 Word 2019／2016対応（FPT2010）」の《特典を入手する》をクリックします。

③ 本書の内容に関する質問に回答し、《入力完了》を選択します。

④ ファイル名を選択します。

⑤ PDFファイルが表示されます。

※必要に応じて、印刷または保存してご利用ください。

 スマートフォン・タブレットで表示する

① スマートフォン・タブレットで下のQRコードを読み取ります。

②「日商PC検定試験 文書作成 3級 公式テキスト&問題集 Word 2019／2016対応（FPT2010）」の《特典を入手する》をクリックします。

③ 本書の内容に関する質問に回答し、《入力完了》を選択します。

④ ファイル名を選択します。

⑤ PDFファイルが表示されます。

※必要に応じて、印刷または保存してご利用ください。

7　本書の最新情報について

本書に関する最新のQ&A情報や訂正情報、重要なお知らせなどについては、FOM出版のホームページでご確認ください。

ホームページ・アドレス

　https://www.fom.fujitsu.com/goods/

※アドレスを入力するとき、間違いがないか確認してください。

ホームページ検索用キーワード

　FOM出版

Chapter

1

第1章
ビジネス文書

文書の有用性

日々さまざまな情報が飛び交うビジネスの場では、日常のこまごまとしたコミュニケーションは会話で済ませるにしても、大事なやり取りは文書で行われます。デジタル化の推進が行政でも企業でも進められ、デジタル化された文書が増えています。文書でやり取りすることで、情報の正確な伝達・共有ができるようになります。さらに文書には、記録性や保存性に優れているという特長もあります。

1 文字によるコミュニケーション

コミュニケーションの手段として、電子メールやビジネスチャットなど新しいメディアの利用が広がっていますが、情報伝達の主流が文字であることに変わりはありません。今後、IT（情報通信技術）化がどんなに進んでも、文書の役割が小さくなることは決してないと考えられます。むしろ、デジタルトランスフォーメーション（DX）と呼ばれるデジタル変革が進む中で、文書の役割はより大きくなるでしょう。

会社や組織で扱う文書は、「ビジネス文書」と呼ばれています。適切に作られたビジネス文書は、情報を確実に伝えることができます。大勢の人に宛てて同じ内容のものを同時に発信することもできます。

ビジネス文書のやり取りによって、相手との情報交換の密度を高め、スピーディに進めていくことができるのです。発信者の考えや伝えたい情報を、わかりやすい文章で正確に記述し、ビジネス文書として発信する技術は、すべてのビジネスパーソンに求められる必須のスキルです。

作成した文書が、目的に合っていなかったり必要な情報が欠けていたり、わかりにくかったりしたら、仕事がスムーズに進まないばかりか相手からも信頼を得ることができなくなります。ビジネスパーソンの能力は、状況に合った適切な文書が作成できるかどうかによって評価される面が大きいといってもよいでしょう。

ビジネス文書は個人によって作成されても、ひとたび会社や組織の名前で発信されれば、公式な文書として扱われます。プライベートな手紙や電子メールとは決定的に異なり、その文書に対する評価がビジネスに大きな影響を及ぼします。文書の形式や文章に問題があった場合、会社や組織の信用を落としかねません。

文書は紙でやり取りされ、紙で保管されるとは限りません。電子メールで伝えられた文字情報もPC（パソコン）の中に蓄積された文字情報も、CDやDVDなどの電子メディアやサーバーに記録された文字情報であっても、すべて文書であることに変わりはありません。昨今では、電子メールも文書のひとつとして扱われるようになっています。

ビジネス文書の役割は、次のように考えられます。

❶ 情報や考えを伝える

情報や考えを伝え、意思の疎通、説得、通告などを行うという役割があります。ビジネスの場では、業務を遂行するために情報や考えを正確に伝え、相手に行動してもらうことが必要です。正確に伝えたいときは、文書にするのが一番です。文書であれば、関係している人に、同時に間違いなく同じ情報を伝えることができます。また文書にすれば、情報の発信側にとっても頭を整理することができるという効果があります。文書にすることで、口頭で伝えたときに起こりがちな聞き間違いの心配も防止できます。

❷ 記録として残す

文書には、記録性や保存性があります。会話は、時間が経てば記憶から薄れ、ときには「言った」「言わない」のトラブルになることもありますが、文書であればそのような心配はありません。現在の考えや行動を正確に記述し残すことができます。

❸ 行動を促す

文書は、業務を正確かつ、スムーズに進める役割を持っています。議事録ならば、会議で決定した内容を、関係者が適切に進めるために作成します。報告書ならば、すでに行った仕事を記録するだけではなく、次の行動につなげる内容を示すことで方向性を確認することができます。文書は将来の行動につないでいく役割を持っているということです。

第1章
第2章
第3章
第4章
第5章
第6章
第7章
第8章
模擬試験
付録
索引

ビジネス文書の基本

ビジネス文書には、社内に向けて発行する「社内文書」と、社外に向けて発行する「社外文書」の2種類があります。いずれも、仕事を進めるうえで欠かすことができない大切な役割を果たしています。

1 ビジネス文書の種類

ビジネス文書には、実に多くの種類があります。主な種類を社内文書と社外文書に分けて表1.1に示します。社内文書は社内の関係部門や上司に提出する文書で、社外文書は取引先や顧客などに宛てて出す文書です。同じビジネス文書であっても、社内文書と社外文書では目的や役割に大きな違いがあります。そのため、形式や文章表現なども違っています。

また、文書の種類には、契約書や覚書のような法定文書と呼ばれるものも含まれますが、これらについては本書では説明を省略しています。

ビジネス文書には、
多くの種類があります。

■表1.1　ビジネス文書の種類

●社内文書

① **連絡・通達・指示・命令など**
通達書、指示書、通知書、連絡書、手順書

② **報告・調整・届け出など**
報告書、上申書、自己申告書、届出書、始末書

③ **記録・保存など**
議事録、記録書

④ **計画・企画・提案など**
計画書、企画書、提案書、調査書、稟議書

⑤ **規則など**
規定書（社内規定など）、規則書（社員規則など）、協約書（労働協約など）

●社外文書

① **取引関係の書状**
企画書、提案書、見積書、注文状、納品・請求関係書状、報告書
通知状、依頼状、勧誘状、照会状、回答状、督促状、断り状、取消状、承諾状、申込状、確認状
詫び状、抗議状、苦情状、反論状、推薦状、交渉状

② **案内・通知など**
案内状、通知状、照会状、紹介状、断り状

③ **社交・儀礼などの書状**
（社屋移転や新築などの）通知状
（設立や開業などの）披露状、招待状
（人事異動などの）挨拶状、礼状、賀状
（慶弔に関する）祝賀状、病気や被災の見舞状、お悔やみ状、返礼状

●法定文書

届出書、許可書、認定書
契約書、覚書、念書、保証書、内容証明書、委任状
債務・債権関係書類

第1章　第2章　第3章　第4章　第5章　第6章　第7章　第8章　模擬試験　付録　索引

2　ビジネス文書作成上の留意点

ビジネス文書を作成するときに、留意すべき事項として、次のようなものがあります。

❶ 受信者の信頼

ビジネス文書には必ず受信者がいます。文書を書いて発信するときは、受信者（読み手）は誰なのかを考えることが大事です。相手にどのような内容を伝えればよいか、使用する専門用語は理解できそうかなど、細部にわたって相手に対する配慮を忘れず、相手の信頼を得ることが大切です。

❷ 的確な内容

文書にはすべて目的・役割があります。事実を正確に記載することや必要事項を漏らさず記載することはすべてのビジネス文書に共通に求められる要件です。ビジネス行動の前後関係をよく認識して、適切な文書の種類を選択し、的確な内容の文書に仕上げる必要があります。

❸ 受信者としての留意点

文書を受信したときは、発信者の立場を考えて読むという姿勢が大事です。発信者の意図が何であるかを正しく理解します。早とちりや早合点がないように注意しなければなりません。そのために、文章を読んでその内容を正確に理解する文章判断力も重要になります。

また、返信が必要なときは、素早く応じることも必要です。そうすることで、円滑なコミュニケーションが図れるのです。

社内文書

社内文書は、社内のコミュニケーションを図るために社内で流通し使われる文書類の総称です。社内文書には、表1.1に示すようにいろいろな種類があります。主な種類の文書のフォーマット（様式）と書き方を理解しましょう。

1 社内文書の特徴

社内文書は、社内で仕事をしていくうえで必要な情報が的確に記載され、迅速に伝達されなければなりません。儀礼的な要素はできるだけ排除します。文章は簡潔な表現にし、敬語も最小限にとどめます。

社内でフォーマットが決められている文書は、そのフォーマットを理解し利用することで、適切な内容で迅速に書くことができ、同時に読み手も素早く読んで内容を理解することができます。フォーマットを利用することで、作成が効率的にできるだけでなく情報伝達も効率的にできるようになり効果を高めます。

2 社内連絡文書の書き方

社内向けの連絡文書には、通知書、指示書、連絡書、通達書などがあり、図1.1のようなフォーマットが定着しています。「口」は、全角1字分空けるという意味です。

会社によっては、独自のフォーマットを使っています。しかし、その場合も標準的なフォーマットに準じた作り方になっているのが普通です。会社のフォーマットがある場合は、そのフォーマットに従って文書を作ります。

図1.1のフォーマットは、連絡文書だけでなく報告書や提案書など、ほかの社内文書にも広く適用されています。

■図1.1　社内連絡文書のフォーマット

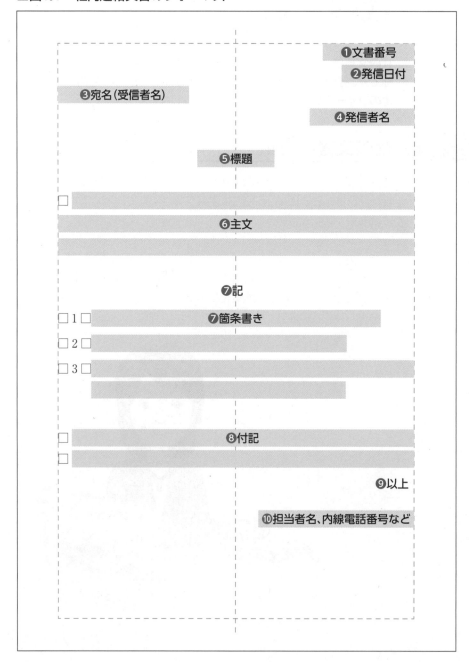

❶記入項目

社内連絡文書には、図1.1に示すように、全部で10の記入項目があります。

❶文書番号（発信番号）

文書の最上行に右揃え（右寄せ）で記入する文書管理用の番号で、会社や組織ごとに番号の付け方のルールを決めています。この文書番号は省略することもあります。

文書番号には、次のような役割があります。

- 発信後の文書整理に役立つ。
- 文書改ざんの防止に役立つ。
- 正式文書としての信用が得られる。

❷発信日付

文書番号の下の行に右揃えで記入する日付で、次のような点に注意します。

- 作成日ではなく、発信日を記入する。
- 西暦か和暦（元号）かいずれかで統一する。会社や組織で、どちらにするか決めている場合はそれに従う。
- 発信日は年月日を記入する。年を省略して月日だけだったり、年と月だったりというのは避けなければならない。一般的に、曜日は省略される。

❸宛名（受信者名）

発信日付の下の行に左揃え（左寄せ）で、次のように記入します。

- 部門名、役職名、氏名と敬称を記入する。
- 社内文書では社名は省略するが、グループ企業などに宛てた場合は省略しない。
- 複数行になってもよい。
- 敬称は、「様」「御中」「各位」などを使い分ける。敬称の種類と使い分けを表1.2に示す。

■表1.2　敬称の種類と用例

敬称	意味	例
様	最も一般的な敬称である。響きも柔らかく、広く使われている。	総務部長　山本一郎様 田中春子様 鈴木様
殿	官公庁では使われている場合があるが、一般のビジネス文書では使わないほうがよい。	総務部長殿 山田正殿
各位	複数の相手を対象にするときに使う敬称である。各位殿とか各位様のように「殿」や「様」を付けると誤りになる。 「各位」の代わりに「ご一同様」「皆様」のような書き方をすることもある。	社員各位
先生*	学校の先生、医師などに付ける敬称である。	中村江美先生
御中*	会社、組織、機関に付ける敬称である。	日商サービス株式会社　企画部御中

*印は、主に社外文書で使われる敬称である。

❹発信者名

宛名の下の行に右揃えで、次のように記入します。

- 発信の責任者名を、部門名、役職名と一緒に記入する。
- 管理職名で発信する場合も多い。

❺標題（表題、件名、タイトル）

発信者名の下に1行程度空けて中央揃え（中央寄せ）で、次のように記入します。

- 文書の主旨がわかるようにキーワードを入れ、簡潔な表現にする。
- 文字数は、20字以内が好ましい。

❻主文

標題の下に1行程度空けて、次のように記入します。

- 標題を受け、用件を簡潔に示す。
- 社内文書の場合は、頭語や結語、時候の挨拶などの前文、末文は不要である。ただし、依頼書や提案書では、「よろしくお願いします」のような簡潔な末文が入る。
- 主文は必要最小限の文章にして、具体的な内容は、記書きの中で記述する。

❼ 記書き（別記）

「記」を主文の下に中央揃えで記入し、続いて箇条書きで必要な項目を左揃えで記入します。

- 日時や場所、連絡事項など、具体的な内容を記入する。
- 箇条書きで簡潔に記入する。

❽ 付記

添付資料に関する記述など補足的な情報を追加するときは、箇条書きの下に1行程度空けて記入します。

❾ 記書きの終了を示す「以上」

記書きが終わったら、改行して「以上」を記入します。「以上」は、右揃えに配置します。文書全体の量が多い場合で、箇条書きの最後の行が短く空白が十分あるときは、改行しないで記入してもかまいません。

❿ 担当者名

最後に、担当者名を右揃えで、次のように記入します。

- 部門名、内線電話番号、電子メールアドレスなど、必要な情報を含める。
- 担当者名は、連絡先として記書きの中に記入する場合もある。

② 記入内容

社内連絡文書の主な項目の具体的な内容は、次のようになります。

● 宛名

組織内の不特定多数に宛てる場合やあるグループの全員に宛てる場合は、敬称に「各位」を付けます。

社内文書の場合、会社内の組織名は社内の通称や理解できる程度に簡略化した表現でかまいません。たとえば、「グローバルマーケティング」の社内通称が「GMK」の場合、次の例のような表現が使われます。「グローバルマーケティングセンター　センター長　山田一郎様」のように正式名称で長々と記入する必要はありません。また、「山田センター長様」という敬称の付け方も、適切な表現とはいえません。

```
GMK センター　山田センター長
GMK センター長　山田様
GMK センター長
```

参考までに送りたい人がいるときは、次のように「（写）」という表現を使い左揃えで記入します。電子メールの「CC（カーボンコピー）」と同じ意味です。

```
GMK センター長　山田様
（写）経営企画室長　斉藤様
　　　広報室　上田様
```

宛名が人ではなく、組織名、チーム名、委員会名などの場合は、「標準化委員会御中」のように「御中」を使います。

● 発信者名

発信者名は、次のように簡潔に表現します。単に、「企画部長」として名前を省略することもあります。

> 企画部長　山本春子
> 企画部長

● 標題

文書の標題は、それが何であるのかを判断する最初のきっかけになります。

標題は、文書の内容をわかりやすくかつ簡潔に表現するようにします。たとえば、次の4通りの標題では、3番目の「6月度定例講演会の案内」が適切です。業務連絡文書や報告書では、何に関するものなのかが伝わる標題であればよく、長すぎると読みにくくなります。

> 講演会について
> 6月度定例講演会
> 6月度定例講演会の案内
> 6月度定例講演会（演題：ナレッジマネジメントの基本）の案内

標題は、文書のファイリングや検索にも必要であり、的確な標題が付けられていれば、これらの作業もやりやすくなります。「休暇について（通知）」のように、標題のカッコの中に、「通知」「依頼」「案内」など、その文書の性格を表す言葉を加えることもあります。カッコは付けないで、「休暇に関する通知」のように書いてもよいでしょう。より簡潔になります。社内文書なので、「ご通知」「ご依頼」のような丁寧な表現は不要です。

● 記書き

「5W1H（Who、What、When、Where、Why、How）」の中の必要な項目や含めるべき情報が不足していないかよく確認します。必要な情報が欠落すると、問い合わせがきたり、予定どおりに進まなかったり、いろいろな問題が起こります。反対に、不要な情報は削除して簡潔にします。社内文書に美辞麗句や尊敬語、謙譲語は不要です。丁寧語が使われていれば十分です。また、箇条書きは「ですます体」ではなく、一般に「である体」で記述します。

❸ 社内連絡文書の例

社内連絡文書の例を、図1.2に示します。社内連絡文書は、このように不要なことは省いて簡潔に用件だけを伝えます。

■図1.2　社内連絡文書の例

2021 年 3 月 1 日

新市場開拓プロジェクトメンバー各位

企画部長　山本春子

新商品開発第 5 回ミーティング開催のお知らせ

標記の件、下記のように開催します。よろしくご参集ください。

記

1　日時　　3 月 10 日（水）15:00〜16:00
2　場所　　別館 2 F 会議室
3　議題　　①新商品開発
　　　　　　②競合商品の動向とその対策
4　事前準備　当日までに、以下の資料を読んで、議題について各自意見をまとめておくこと。
　　　　　　①新商品開発計画
　　　　　　②市場調査結果報告
　　　　　　③競合商品動向調査報告書

以上

担当：佐藤（内線：123、e-mail：satou@nissho-bunsho.co.jp）

❹ 社内連絡文書の種類

社内連絡文書の種類には、次のようなものがあります。

● 通達書

社長や専務、部長などから社員への周知事項の連絡や、人事部通達、業務部通達のように、特定の部門から社員への周知事項の連絡などに用いられます。通達書は、内容を確実に伝えることが目的の文書なので、重要事項や結論は最初に伝え、参考情報などは補足的に追加するか別紙として追加します。

● 連絡書

部門間や部門内で連絡事項を発信する場合に使われるのが連絡書です。通達書が組織の上から下へ周知するためのものであるのに対し、連絡書は各部門で発行されて、関連する部門やメンバーへと横方向に展開していくものです。

第1章
第2章
第3章
第4章
第5章
第6章
第7章
第8章
模擬試験
付録
索引

3　報告書の書き方

仕事は、一般に上司の指示・命令によって行います。その仕事が終わったときは、当然、上司に対して結果の報告をしなければなりません。報告は口頭でなされることもありますが、それを文書で行うのが「報告書」です。

報告は仕事が終わったときだけではなく、いろいろな形でなされるのが普通です。定期的な報告書としては、「日報」「週報」「月報」があります。仕事の途中段階で報告する中間報告書もあります。出張したときの出張報告書や研修を受けたときの研修会報告書もあります。そのほか、調査報告書、終了報告書、事故報告書など、さまざまなものがあります。

※報告書は上司からの指示・命令によって作成しますが、研究・調査した客観的な事実に基づいて個人の意見や見解も含めながらまとめた文書は、一般に「レポート」と呼ばれます。

報告書の文章は、一般に次のような書き方をします。この書き方は、各種報告書に共通です。

- 結論を支える論拠を明確に示す。
- 論拠は、客観的なデータや事実で裏付けをする。
- わかりやすく順序立てて説明する。
- 「5W1H」を基準に考える。
- 原則として、概論・結論・大事なことから書く。
- 箇条書きを活用する。
- 事実と意見（私見）は区別できるように書く。
- 曖昧な表現をしない。
- できるだけ具体的な数字を示す。
- 数字は正確に書く。
- 憶測で書かない。
- 余計な修飾語は使わない。
- 簡潔でわかりやすい表現にする。
- 記書きの内容は「である体」を基本とし、箇条書きの部分は「である体」または「体言止め」とする（「体言」はP.47参照）。
- 記載情報の過不足に注意する。
- 例外的な事項やわかりにくい事項については、補足説明を加える。
- 1つのテーマで、1つの報告書にする。
- 本文の書き出しは、「標記（表記）の件について、〜」のようにする。件名を繰り返して記載するのは避ける。

報告書に必要な項目は、一般的に決まっていますが、常に一定ということではありません。あるときは不要な項目があり、またあるときは欠かせない項目があります。内容をよく確かめて、必要な項目の欠落を防止しなければなりません。

項目は不足していなくても、必要な内容が欠けていては問題です。内容の欠落にも注意が必要です。

図1.3に、活動報告書の例を示します。

■図1.3　活動報告書の例

2021 年 4 月 10 日

経営会議メンバー各位

環境推進部長　山川純一

2020 年度環境保全活動報告

　標記活動結果を、下記のように報告します。なお、今回の報告は主要 3 工場だけであり、全工場を含んだ報告は来月末に行う予定です。

記

1. テーマ　　地球温暖化防止、環境汚染防止、および循環型社会形成に関する環境保全活動
2. 期間　　　2020 年 4 月 1 日〜2021 年 3 月 31 日
3. 参加工場　静岡工場、長野工場、山梨工場
4. 活動内容および成果
　　　　　①地球温暖化防止（目標：2010 年度比 CO_2 15%削減）
　　　　　・全工場の CO_2 総排出量は 30 万 t となった。2010 年度比 30%削減となり、目標に対して大幅に改善が進んだ。
　　　　　・各地区で環境保全優良工場見学会を開催した。
　　　　　②環境汚染防止（目標：前年度比 VOC 排出量を 35%削減）
　　　　　・VOC 対策委員会を発足させて活動した。
　　　　　・VOC 排出量は、前年度比 36%削減となり、目標を上回った。
　　　　　③循環型社会の形成（目標：前年度比廃棄物排出量を 4%削減）
　　　　　・廃棄物排出量は、前年度比 4.4%削減となり、目標を上回った。
　　　　　・再資源化率は 95%に達し、今年度の目標 98%が射程内に入った。
5. 今後の予定
　　　　　①非生産事業所の環境管理能力の向上を図るため、オフィス環境運動委員会を発足させる。
　　　　　②物流段階の環境保全活動に取り組む。
　　　　　③ゼロエミッションの仕組み作りに本格的に取り組む。

以上

❶ 定期報告

日報、週報、月報などの定期報告書は、フォーマットが決められていることが多いのですが、ない場合は報告の項目や視点を統一すると、上司は内容の把握や比較がしやすくなります。また、書く側にとっても効率がよく、漏れも防げるなどのメリットがあります。週報・月報・半期報・年報のあいだでも、統一できる項目は同じにし、視点も統一すると、短期の報告と長期の報告のつながりが出るので効果的です。書く側にとっても、週報をまとめるだけで月報が仕上がるので、便利です。

● 日報

日報の目的は、毎日の行動（業務内容）を上司に報告することです。そうすることで、上司は部下の行動を把握することができ、より的確なアドバイスや指示を出せるようになります。また、問題点の早期発見によるミス・不祥事の防止、計画の軌道修正などに利用できます。書く側にとっても、自己点検による仕事の見直しに役立つというメリットがあります。一般に、日報の種類と内容は次のようになります。

> 営業日報：訪問先、訪問目的、面談者、面談内容、実績、次の予定など
> 業務日報：業務内容、仕事の進み具合、成果、次の課題、問題点、改善点、所要時間など
> 作業日報：作業量、仕事の進み具合、問題点、改善点、不良品の数、原因、対策など

日報は、業務終了時に書いてその日のうちに提出するのが基本です。フォーマットが決まっているときはそれに従って書きますが、そうでないときは毎回同じ小見出しを同じ順序で使って連続性に配慮するとよいでしょう。

● 週報・月報

週報・月報の目的は、業務内容を週単位、月単位でとらえ、その流れや実績、成果（目標達成率）、仕事の進捗状況などを具体的に記述して上司に報告することです。上司は、業務の実施状況を把握すると同時に、問題点や課題を早期に把握して的確な指示ができるようになります。また、週報・月報には、活動の記録を残すという役割もあります。

月報は、対前年同月比など、過去の実績と比較できるように書くと、現在の状況を明確にできます。そうすることで、業務の効率化に向けた自己管理もできるようになります。

週報・月報は、一般に次のような内容を網羅するようにします。

- 1週間または1か月の行動パターン
- 当該週または月の概況、業務の流れ、仕事の進み具合
- 業務内容と所要時間
- 成果、問題点・課題とその対策（案）
- 目標と実績、達成率、未達の場合の原因・理由、リカバリー方法
- 今週または今月の特記事項
- 来週または来月の予定・目標、今後の計画

週報・月報の文章は、行ったことをだらだらと書くのではなく、簡潔にまとめます。費やした工数、コストのように数値で把握できるものは、具体的なデータで報告し、数値目標があるものは、その目標との比較で示すようにします。漠然とした表現は避け、結果がはっきりわかるように書きます。また、課題や悪い知らせも隠さないで正確に記述して、必要に応じて上司に指導を求めます。

フォーマットが決まっているときは、それに従った書き方をします。フォーマットが特に決まっていないときは、毎回同じ小見出しを同じ順序で使い連続性に配慮します。

月報の例を、図1.4に示します。

■図1.4　月報の例

2020 年 8 月 31 日

2020 年 8 月度月報

東部営業部 3 課　藤田太郎

8 月度目標および実績					
商品名	目標	実績	達成率	今年度累計	累計達成率
商品 A	2,000 個	1,800 個	90%	3,700 個	92.5%
商品 B	4,000 個	4,600 個	115%	8,200 個	102.5%

［今月の目標］
・大型のドラッグストアを中心とした新規取引先の開拓：10 店舗
・商品 B の店頭キャンペーン実施：15 店舗
・新規 POP の採用依頼：30 店舗

［成果報告］
・新規取引先 7 店舗。内 3 店舗は先月からのアプローチ。来月契約が見込める取引先が 3 店舗ある。
・商品 B の販売目標が超過達成できたのは、店頭キャンペーンの効果が大きい。店頭キャンペーンは 10 店舗で実施。
・新規 POP 採用は 60 店舗に依頼して 30 店舗が採用。従来のものに比べると採用率が高い。

［今月の特記事項］
・店頭キャンペーンの効果が成果として出ているので、今後も積極的に進める。
・今回の POP はプロのデザイナーに、商品の性格と顧客層をよく説明して納得のいくデザインに仕上げてもらったが、それが功を奏したと思われる。

［来月の目標］
・商品 A についても、店頭キャンペーンを実施して、売上拡大を図る。
・商品 A の販売目標は、2,500 個。
・各店舗に、商品 B を売り出し広告の目玉商品として掲載を働きかける。掲載目標は 10 店舗。

第1章
第2章
第3章
第4章
第5章
第6章
第7章
第8章
模擬試験
付録
索引

❷ 出張報告書

出張報告書の目的は、出張先での活動内容と成果の報告です。特別な目的を持った出張や長期出張の場合などに提出します。

次のような内容を記載します。
- 出張の目的
- 出張期間、訪問先、面談者、行程・時間、出張者、同行者
- 出張目的の達成度、成果の詳細、問題点
- 出張期間中の行動、経過、出張先の状況、結果
- 所感
- 添付資料
- 経費の精算

出張報告書は、実施内容や経過を書き連ねて報告するのではなく、簡潔にまとめます。フォーマットが決まっているときは、それに従います。

❸ 研修会・講習会報告書

研修会・講習会報告書の目的は、上司や関係者への報告と同時に、受講内容を整理しておき、今後の業務に役立てることにあります。不参加者に情報を伝えるという役割もあります。

次のような内容を記載します。
- 受講テーマ
- 日時、場所、主催者
- 参加者、講師、受講料
- 参加目的
- 受講内容
- 所感
- 成果
- 仕事への反映（仕事の問題点、改善点）
- 自社や自部門での活用

研修会・講習会報告書は、得られた知識・技術を関係者と共有するという観点から、研修を受けていない人にも内容が理解できるように留意しながら書きます。

4 議事録（会議報告書）の書き方

会議が終わったあとは、議事録が発行されます。議事録の目的は、会議で決まったことを出席者、関係者に周知徹底することであり、出席していない経営者・上位者などに会議の内容を報告する役割も持っています。

次のような内容を記載します。

- 会議名（タイトル）
- 議題（会議で討議する課題）
- 日時、場所
- 出席者、記録者名
- 議事（会議にかけて討議する内容）
- 決定事項・未決事項（保留事項、継続審議事項）

次の項目は必要に応じて記載します。

- 司会者または議長
- 欠席者
- 途中出席者・退席者
- 討議内容のポイント
- 決定の理由
- 否決の理由
- 重要事項の発言者
- 今後のアクションプランとその担当者
- 質疑応答
- 討議の経過、賛成・反対意見、問題点
- 今後に残された課題
- 特記事項
- 次回の予定
- 配付資料

第1章
第2章
第3章
第4章
第5章
第6章
第7章
第8章
模擬試験
付録
索引

議事録の書き方は、箇条書き中心で、簡潔な表現にします。また、公正で客観的、具体的、かつ正確に書く必要もあります。慎重を期すために、出席者の確認をとってから配付することもあります。

図1.5に、議事録の例を示します。

■図1.5　議事録の例

2021 年 2 月 2 日

人事部　部内定例会議　議事録

● 日　時：2021 年 2 月 1 日（月）10:00〜11:30
● 場　所：本社会議室 A
● 出席者：佐々木部長、佐藤課長、山本主任、岡田、戸田、田中、石井、永井（記録）

■議題一覧
1. 新入社員研修の確認
2. 工場見学実施の準備

■議事内容
●新入社員研修の確認
- 今年度は研修テーマを増やし、2 期に分けて実施する。
- 第 1 期は 4 月 5 日（月）〜9 日（金）の 5 日間。研修テーマは、業務に関する基礎知識、ビジネススキル・マナー、ビジネス文書作成を含める。第 1 期の詳細スケジュールと内容は、次回の定例会議で決定する。次回の定例会議までに案を作成し、共有しておく。（担当：戸田）
- 第 2 期は 5 月 10 日（月）〜14 日（金）の 5 日間。研修テーマは、製品・サービス概要、データ分析、ロジカルシンキング、プレゼンテーションを含める。第 2 期の詳細スケジュールと内容は、次回の定例会議で決定する。次回の定例会議までに案を作成し、共有しておく。（担当：田中）

●工場見学実施の準備
静岡工場見学を 4 月 19 日（月）・20 日（火）の 1 泊 2 日で実施予定。現在、工場長と内容を検討。内容案を作成し、次回の定例会議で報告する。（担当：戸田）

●特記事項
研修を依頼している日商ラーニングより、新しいオンライン教材提供の提案があった。次回の定例会議で内容を確認し、次年度の研修に活用できるかどうかを検討する。

■次回定例会議予定：2 月 15 日（月）10:00〜11:00

以上

5　提案書（企画書）の書き方

提案書と企画書は区別することもありますが、どちらも事業企画、販売企画などの重要な活動方針や方向性を提案するものから日常的な提案までを含んだ、関係者を説得するための文書です。ここでは区別していません。

提案書は、一般に、フォーマットは決まっていないので、内容に合わせて適切な項目を設けて記述します。

次のような内容を記載します。
- 提案（企画）の主旨
- 提案（企画）の背景
- 目的
- 現状の課題
- 現状分析
- 基本方針
- 提案（企画）の内容
- 実施概要
- 提案（企画）のポイント
- 実施方法
- 効果
- スケジュール
- 費用
- 今後の展望
- 添付資料

提案書の書き方は、内容によってさまざまですが、次のような考え方で相手の信頼と納得が得られるような書き方をします。
- 全体の展開は、「**概論・結論**」から「**個別・詳細**」へを基本とする。
- 提案（企画）の理由を明確に示す。
- 要点を整理して示す。
- 具体的に表現する。
- データを使って説得力を増す。
- 論理を補強する客観的な情報があれば、引用したり参照したりする。
- 文章だけではなく、図表やグラフを積極的に使う。

図1.6に、提案書の例を示します。

■図1.6　提案書の例

2021 年 4 月 12 日

社内活性化委員長　鈴木様

企画室　高田華子

電子社内報の提案

●提案の趣旨
現在の印刷物による社内報を電子社内報に切り替えることによって、社内の活性化を図りながら、新鮮な記事を迅速に配信できるようにする。

●現状
現在の社内報は月刊であり、印刷物を全員に配布している。しかし、紙で配布するためレイアウトや印刷に時間がとられ、間隔も 1 か月であることから、常にホットな記事をタイムリーに伝達することはできない状況が続いている。

●電子社内報の効果
・月刊から週刊に変えることによって、記事が新鮮になる。
・記事をまとめてから配信までの時間が 1 時間以内になるため、迅速にニュースを届けることができる。
・関連のあるサイトにリンクを張ることができるため、記事の幅が広がる。
・電子会議室やアンケートなどによる社員同士あるいは編集者と読者との双方向コミュニケーションがとりやすくなる。
・バックナンバーの管理が容易であり、いつでも過去の記事を検索できる。
・海外出張中でも、ウェブアクセスすることで、社内報を読むことができる。
・運用側も、印刷会社とのやり取りがなくなり、仕事がやりやすくなる。

●実現の方法
電子社内報の ASP 業者（現在、A 社とコンタクト中）に依頼すれば、約 3 か月後には導入が可能になる。

●費用
標準のメニューで実施すれば、月額 10 万円で済む。
参考：現在の印刷費は月額 30 万円。

以上

社外文書

社外文書は、社外とのコミュニケーションを図るために必要な、社外とのやり取りに使われる文書類の総称です。表1.1に示すようにさまざまな種類があります。ここでは、社外連絡文書を例にとって、書き方を説明します。

1 社外文書の特徴

社外文書は、整った形式の、相手に敬意を表した文書を作成します。社外文書は個人名で発信したとしても、会社を代表して書いている文書と見なされます。万一、問題があった場合、会社の評価にも影響が及ぶ恐れがあります。慎重に言葉を選んで、正しい内容の文書を作る必要があります。間違った敬語の使い方をしないようにすることも大切です。

社外文書には、社交的な文書と業務に関する事務的な文書の2種類があります。社交的な文書は、書式もあらたまった重厚な感じのものが多く、扱う部門も限られていますが、業務に関する文書はどこの部門でも扱っています。業務に関する文書は、正確な内容で簡潔に書きます。

第1章

第2章

第3章

第4章

第5章

第6章

第7章

第8章

模擬試験

付録

索引

2　社外連絡文書の書き方

社外向けの連絡文書も、フォーマットは決まっています。一見すると社内向けのフォーマットと似ていますが、全く同じというわけではありません。たとえば、宛名や冒頭の挨拶、文末の書き方、敬語の使い方など、社内向けとは違った注意点が多数あります。

このフォーマットは、社外向けの通知や案内などの連絡文書に広く使われています。

■図1.7　社外連絡文書のフォーマット

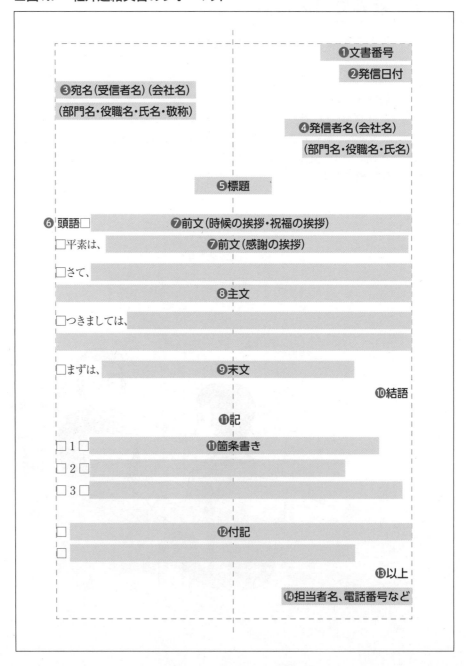

社外文書といっても、すべての相手が同じ関係、同じ立場の人とは限りません。それぞれの関係の違いによって、冒頭の挨拶文も変わってきます。

❶ 記入項目

社外連絡文書には、図1.7に示すように、全部で14の記入項目があります。

❶ 文書番号（発信番号）

社内連絡文書と同じ考え方になります。ただし、社交、儀礼的な文書の場合は、文書番号を省略することもあります。

❷ 発信日付

社内連絡文書と同じです。

❸ 宛名（受信者名）

ここには、宛て先の会社名、部門名、役職名、氏名、敬称などが入ります。間違えないように、よく確認して記入します。

❹ 発信者名

発信者側の会社名、部門名、役職名、氏名を略さないで正式なものを記入します。
発信者名は必ずしも作成者とは限らず、発信部門の責任者名にしたり、宛名の役職とのバランスを考えた名前にしたりします。

❺ 標題（表題、件名、タイトル）

考え方は社内連絡文書と同じですが、社外に出すので「〜のご案内」のように丁寧な表現にします。

❻ 頭語

書き出しには、「拝啓」などの頭語を使います。頭語は、全角1字分の空白（1字インデント）を設けないで左端にそろえて書き始めます。頭語を省略したり間違って使ったりするのは失礼になります。

❼ 前文

主文に入る前に、時候の挨拶、感謝の挨拶など、前文の挨拶を入れます。前文には決まった言い方があるので、その中から選ぶと簡単です。頭語のあと、全角1字分を空けて時候の挨拶の前文を書きます。その後、改行し、全角1字分を空けて「平素は、〜」で始まる感謝の挨拶を書きます。
※感謝の挨拶は改行せずに時候の挨拶に続けて書くこともあります。

❽ 主文

前文のあと、改行して全角1字分空けてから「さて〜」という書き出しで用件の主旨を要領よく記述します。主文の中で改行したときも、全角1字分空けて書き始めます。

❾ 末文

主文を述べ終わったら、改行して「〜お願い申し上げます」のような「末文」で締めくくります。

❿ 結語

末文の次の行に、頭語に対応する「敬具」のような結語を右揃えで入れます。結語は、「拝啓−敬具」「謹啓−敬白」のように頭語と対応した言い方が決まっています。文書全体の量が多い場合で、末文の右側が十分に空いているときは、改行しないで結語を記入してもかまいません。

⓫ 記書き（別記）

具体的な内容は、社内連絡文書と同様に記書きにします。

⓬ 付記

文書に添付する資料などがあるときは、「**添付資料**」として箇条書きで資料名を記入します。

⓭ 記書きの終了を示す「以上」

記書きの最後に、「**以上**」を右揃えで記入します。

⓮ 担当者名

担当者と発信者名が別人のときは、連絡先や問い合わせ先として、担当者の部門名、氏名のほか、電話番号や電子メールアドレスを記入します。

本件とは特に関係のない事柄を入れるときは、「**追伸**」として「**以上**」と「**担当者名**」の間に記入することがあります。

❷ 記入内容

社外連絡文書の主な項目の具体的な内容は、次のようになります。

● 宛名

宛名は、正確に記載します。株式会社に宛てて送るときは「**株式会社**」を（株）のように省略したり、あるいはすべて省略してしまってはいけません。失礼になります。会社名や部門名も略さないで正式なものを記入します。

```
丸の内サービス株式会社
業務部長　田中進一様
```

役職名が付かない場合は、役職名の位置に部門名や氏名が入ります。敬称の付け方は、表1.2と同じです。

● 発信者名

発信者名も、次のように正式社名、部門名、役職名、氏名を書きます。管理職でない場合は、役職名は省略してもかまいません。一般的には右揃えにします。

```
                              ABCテクノサイエンス株式会社
                              常務取締役　山本一郎
```

● 頭語と結語

頭語と結語は、次のように対で使います。文書の「始め」と「終わり」を知らせる役割を持っています。

```
拝啓－敬具（一般的な文書）
謹啓－敬白（特に丁寧な表現が必要な文書）
拝復－敬具（返書）
前略－草々（簡略化した一般的な文書）
冠省－草々、不一（「前略－草々」の丁寧な表現）
```

これらの頭語と結語は、相手との関係の深さによって使い分けることが大事です。

●時候の挨拶

頭語のあとに、全角1字分空けて時候の挨拶文を入れるのが一般的です。

時候の挨拶には、文章に季節感を持たせたり親しみを増したりする効果があります。時候の挨拶の主な例を、表1.3に示します。必ずこの中から選ばなければならないわけではありません。できれば自分の言葉で、季節に合わせて心を込めて書くのが望ましいといえます。

■表1.3　時候の挨拶

月	一般的な例	やや打ち解けた例
1月	厳寒の候、大寒の候、新春の候	寒さ厳しき折から、 毎日厳しい寒さですが、
2月	立春の候、余寒の候、梅花の候	寒さまだまだ厳しい昨今ですが、 立春とは名ばかりの厳しい寒さが続きますが、
3月	早春の候、浅春の候、春分の候	春めいてまいりましたが、 春まだ浅いこのごろ、
4月	春暖の候、陽春の候、桜花の候	春もたけなわの折から、 桜花咲き誇る季節となり、
5月	新緑の候、薫風の候、初夏の候	青葉薫るころとなりましたが、 日に日に新緑の色を増す今日このごろ、
6月	梅雨の候、向暑の候、短夜の候	うっとうしい季節になりましたが、 日増しに夏らしくなってまいりましたが、
7月	盛夏の候、炎暑の候、酷暑の候	ようやく梅雨も明け、 厳しい暑さが続きますが、
8月	残暑の候、晩夏の候、秋暑の候	残暑厳しき折から、 立秋も過ぎた昨今ですが、
9月	初秋の候、新秋の候、新涼の候	爽やかな季節となり、 しのぎやすい季節となり、
10月	秋冷の候、錦秋の候、仲秋の候	実りの秋を迎えて、 秋も深まってまいりましたが、
11月	晩秋の候、向寒の候、初霜の候	寒さが加わってまいりましたが、 晩秋ともいえぬ小春日和ですが、
12月	寒冷の候、師走の候、初冬の候	歳末ご多用の折から、 暮れも押し迫ってまいりましたが、
共通	時下	

※「時下」は「今この時」の意味で、これを用いた場合、時候の挨拶は不要です。

●相手の発展に対する祝福の挨拶

時候の挨拶に続けて、「春暖の候、貴社ますますご隆昌のこととお喜び申し上げます」の
ように、相手の発展に対する祝福の言葉を述べます。次の組み合わせから選べば、一般的
なものになります。

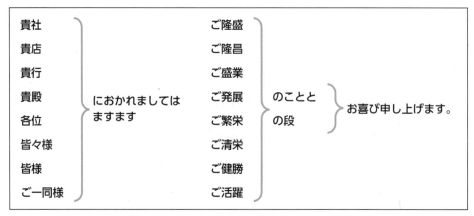

上記の組み合わせで、「貴社、貴店、…」は省略し、「ますます」から始めることもあります。
また、会社向けには発展や繁栄の言葉を、個人向けには健康、活躍を表す言葉（ご清栄、
ご健勝、ご活躍）を選択します。

●日ごろの取引やお付き合いに対する感謝の挨拶

時候の挨拶、相手の発展に対する祝福の挨拶に続けて、日ごろの取引やお付き合いに対
する謝意を示す文を記入します。一般のビジネス文書では、次のような組み合わせになり
ます。

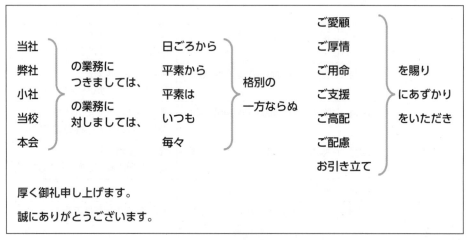

※前半（「〜つきましては、」「〜対しましては、」）を省略することもあります。

● 主文

文書の主要な部分を「主文」といいます。主文の書き出しは、前文を改行して、「さて」「さて、このたび」などの接続表現で始めます。文意を変えるときは、改行して「つきましては」「ところで」などの接続表現に続いて用件を述べます。

主文の中で用いられる言葉づかいには、次のようなものがあります。

ご検討賜りたく
〜くださいますよう
〜と存じます。
ご賢察のほど
幸甚です。(大変、嬉しいという意味)

社外文書では、表1.4に示すように、相手の呼び方、自分の呼び方に決まった呼称があります。これらの呼称を適切に使い分けていく必要があります。

■表1.4　相手と自分の表現

対象	相手の表現	自分の表現
人	○○様、貴殿、貴職、皆様	私、私ども
団体	貴社、御社、貴会、貴店、貴工場、貴校、貴所、貴部	当社、弊社、小社、わが社、本会、当店、当所、当工場、当部、当課
書簡	ご書面、貴信、貴書、お手紙	書簡、書面、書中、手紙
考え	ご意見、ご高説、ご所見	私見、所感、所見、私案
配慮	ご配慮、ご高配、ご芳情、ご尽力	配慮
授受	ご査収、お納め、お受け取り、ご笑納	受領、受納、拝受
訪問	お越し、ご来社、ご来訪、お出で	お伺い、お訪ね、参上、拝顔
物品	結構なお品、佳品	粗品、つまらないもの

● 末文

主文が終わったことを示し、今後の取引に対する依頼などを述べるのが「末文」です。次のような表現があります。

まずは書中をもちましてご案内申し上げます。
取り急ぎご回答申し上げます。
ご挨拶かたがたお願い申し上げます。
今後ともよろしくお引き立てのほどお願い申し上げます。
あしからずご了承のほどお願い申し上げます。
末筆ながら、ますますのご発展をお祈り申し上げます。
寒さ厳しき折、ご自愛のほどお祈り申し上げます。

● 結語

頭語に対応した結語を記入します。

❸ 発信日付の右側、宛名の左側などの空白

文書番号、発信日付、宛名、発信者名などの左右に、図1.8のように空白（全角1字分）を入れる場合があります。しかし、ワープロソフトで作成する文書では、左または右に揃えることが一般的です。

結語や以上にも、図1.8のように空白を入れることがありますが、なくてもかまいません。また、担当者名の右側は2〜3文字空けることもありますが、「以上」と同じように空白はなくてもよいでしょう。ただし、箇条書きの部分は、ワープロソフトを使ったとしても左側を全角1字分空けたほうが視覚的なまとまりが出てきます。

空白の使い方が重要なのは、次の箇所です。

- 頭語の左側には空白を入れない。
- 頭語のあと、改行しないで前文（時候の挨拶・祝福の挨拶）を入れる。このとき、頭語と前文の間は全角1字分空ける。
- 時候の挨拶のあと、改行し全角1字分の空白を入れて「平素は、」で始まる感謝の挨拶を入れる。
  ※感謝の挨拶は、改行せずに時候の挨拶に続けて入れてもよい。
- 前文を入力し終わったら、改行して全角1字分の空白を入れてから「さて〜」と主文を記入する。その後は改行の都度、全角1字分の空白を入れる。
- 役職名と氏名、あるいは部門名と氏名の間は、全角1字分空ける。

宛名の会社名と部門名・役職名・氏名、それと発信者側の会社名と部門名・役職名・氏名のそれぞれの相対的な位置関係も図1.8のように全角1字分ずらすのが本来の形です。しかし、ワープロソフトを使った場合、特に発信者名側の操作はタブ機能を使ったり右インデントの機能を使ったりと少し面倒です。図1.8のような形が最もまとまっていますが、これらの位置関係や空白は考えないで機械的に左揃え、右揃えとするのも、PCを駆使している現代のひとつのフォーマットと考えるべきでしょう。

■図1.8　発信日付の右側、宛名の左側などの空白

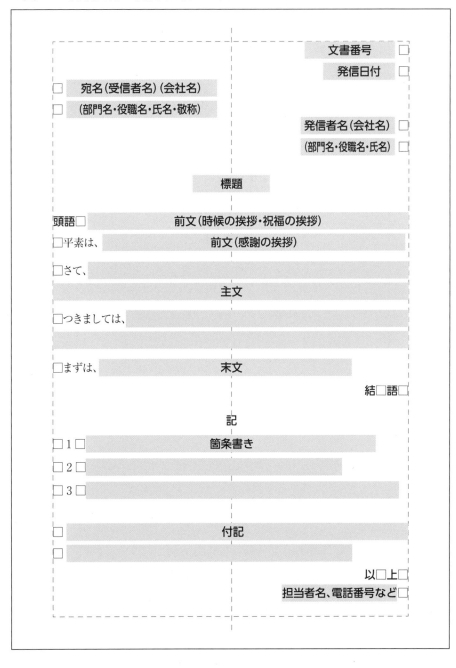

第1章
第2章
第3章
第4章
第5章
第6章
第7章
第8章
模擬試験
付録
索引

宛名や発信者名の左右に図1.8のような空白を入れた社外連絡文書の例を、図1.9に示します。空白によって、ゆとりのようなものが伝わってくる印象があります。

■図1.9　社外連絡文書の例

2021 年 1 月 12 日

丸の内サービス株式会社
業務部長　田中進一様

ABC テクノサイエンス株式会社
常務取締役　山本一郎

新春フェアのご案内

拝啓　新春の候、貴社ますますご隆盛のこととお喜び申し上げます。
　弊社の業務につきましては、平素から格別のご愛顧を賜り誠にありがとうございます。
　さて弊社では、PC を使わない文書管理システムの開発に取り組んでまいりましたが、多機能複写機を使ったシステムとしてこの度商品化の運びとなり、「DOC コラボレーション21」として、下記のように新春フェアにて発表することになりました。
　つきましては、ぜひ御社にご高覧賜りたくご案内申し上げます。
　ご多忙のところ大変恐縮ですが、ご来場いただきたく心よりお待ち申し上げます。

敬　具

記

1　展示会名　　　　　文書管理ソリューション新春フェア
2　日　時　　　　　　1 月 25 日（月）10:00～16:30
3　会　場　　　　　　新宿コンベンションホール（地図は別紙をご参照ください）
4　お問い合わせ　　　新春フェア事務局　03-XXXX-XXXX

以　上

知識科目

■ **問題 1** 連絡文書に記入する発信日付に関する説明として正しいものはどれですか。次の中から選びなさい。

1 文書を作成した日付を記入する。

2 一般に、月日だけ記入し、年は省略する。

3 文書番号の次の行に記入する。

■ **問題 2** ビジネス文書で使われる敬称に、「各位」があります。この敬称が正しく使われているのはどれですか。次の中から選びなさい。

1 地球環境推進委員各位

2 株式会社日商サービス各位

3 山本部長各位

■ **問題 3** 上司から指示された文書を作ったところ、上司から「5W1H」の「H」が抜けていると指摘されました。指摘を受けた文書を、どんな視点から見直すべきですか。次の中から選びなさい。

1 「何を」が抜けていないか見直す。

2 「どのように」が抜けていないか見直す。

3 「理由」が抜けていないか見直す。

■ **問題 4** 社外文書の宛名を、次のように記入しました。

> 丸の内サービス(株)
> 総務部長　山本一郎様

これを見た上司から問題があるといわれました。それはなぜですか。次の中から選びなさい。

1 社名から氏名までを2行にしないで、1行にするのがよい。

2 敬称は、「様」ではなく「殿」を使うのがよい。

3 「(株)」と略さないで「株式会社」と記入する。

第1章
第2章
第3章
第4章
第5章
第6章
第7章
第8章
模擬試験
付録
索引

問題5　11月に発信する社外文書の時候の挨拶に「錦秋の候」と書いたら、上司から間違っていると指摘を受けました。それはなぜですか。次の中から選びなさい。

1　「錦秋の候」は10月に使う表現である。

2　「錦秋の候」は9月に使う表現である。

3　「錦秋」という熟語は存在しない。

問題6　社内文書の標題の付け方で正しいものはどれですか。次の中から選びなさい。

1　月報の提出についてのご通知

2　8月度月報の提出期限に関する通知

3　月報の提出期限（8月30日まで）について

問題7　社外文書を作成するうえで求められることを、次の中から選びなさい。

1　整った形式で相手に敬意を表したものにする。

2　儀礼的な要素はできる限り排除する。

3　文章は簡潔な表現にし、敬語も最小限にとどめる。

問題8　社外文書の宛名を次のように記入したところ、上司から訂正するように言われました。その理由として考えられるものを、次の中から選びなさい。

日商パシフィック株式会社 田辺浩一郎経理部長

1　「経理部長　田辺浩一郎各位」のように敬称「各位」を付ける。

2　「経理部長　田辺浩一郎様」のように敬称「様」を付ける。

3　社名から氏名までを、1行にする。

第2章
ビジネス文書の
ライティング技術

日本語文法の基本

日本語文法の基本、用字・用語に対する理解、漢字とひらがなの使い分け、算用数字と漢数字の使い分けは、いずれもビジネス文書の作成に必要な基礎知識です。

1 日本語文法

文章作成能力を身に付けさらに高めていくためには、多くの文章を読み、日本語に対するいろいろな知識を吸収し蓄積していくことが大切です。

日本語文法についても、基本的な知識を持ちそれを活用することが望まれます。

❶文章を構成する単位

日本語の文章を構成する単位に関して心得ておくべき用語には、次のようなものがあります。

●文

句点（。）によって区切られた一続きの言葉の単位を「**文**」と呼びます。

●文章

あるまとまった内容を書き表したものの全体を「**文章**」といいます。通常、文章は2つ以上の文が集まってできています。本書では、「**文**」と「**文章**」の2つの言葉を使い分けています。

●段落

文章の中で、まとまった内容ごとに区切ったひとまとまりを「**段落**」と呼びます。通常、段落は複数の文で構成されます。また文章も、通常、複数の段落で構成されます。

●文節

それ以上区切ると意味がわからなくなったり、発音するにも不自然になったりするような短く区切ったまとまりを「**文節**」と呼びます。2つ以上の連続した文節が意味のうえで互いに結び付き、まとまった意味を表して1つの文節と同じような働きをするものを「**連文節**」といいます。たとえば、「先週の日曜日にみんなで遊園地に出かけた」という文は、「先週の」「日曜日に」「みんなで」「遊園地に」「出かけた」の5つの文節でできています。この中で、「先週の」と「日曜日に」の2つの文節は意味のうえで互いに結び付いてひとまとまりになっています。同様に、「遊園地に」「出かけた」の2つの文節も互いに結び付いて1つの成分になっています。このように、複数の文節で1つの文節と同様の働きをするものが連文節です。

文節には、表2.1に示す5種類があります。

文節	内容
主語	文の中の「何（誰）は」「何（誰）が」にあたる、文の主題を示す文節。連文節からなる場合は、「主部」という。 主語は、「～は」「～が」の形だけではなく、「～も」などになることもある。
述語	文の中で、主語が「どうする」「どうした」「どんなだ」「何だ」「～である」などと説明している文節。連文節からなる場合は、「述部」という。 主語が述語に係り、述語が主語を受ける相互関係を「主語・述語の関係」という。
修飾語	ほかの文節を詳しく説明している文節。
接続語	前後の文節や、文と文を接続している文節。
独立語	感動詞のように、ほかの文節とは直接の関係はなく、比較的独立性の強い文節。

●単語

文節をこれ以上分けると意味がなくなるか、言葉としての役目を果たさなくなるというところまで区切った最小単位が「単語」です。

第1章
第2章
第3章
第4章
第5章
第6章
第7章
第8章
模擬試験
付録
索引

❷ 品詞の種類と働き

単語を働きと用い方によって分類したものを「品詞」と呼びます。

日本語の単語は、通常、表2.2に示す10種類の品詞に分類できます。

■表2.2　品詞

品詞	説明	文節の種類	活用	自立語と付属語
名詞	事物、概念の名称を表す。普通名詞、固有名詞、数詞、代名詞の4つの種類がある。 例：鉛筆、東京、ひとつ、彼	主語になる。	語尾変化（活用）がない。	自立語
副詞	動詞、形容詞、形容動詞を修飾する。 例：いきなり、そっと、かなり、ずいぶん	修飾語になる。		
連体詞	名詞や代名詞を修飾する。 例：この、大きな、あらゆる、いろんな			
接続詞	前後の文節や文を接続する。 例：しかし、また、および、つまり	接続語になる。		
感動詞	感動や応答を表す。 例：えっ、もしもし、はい、こんにちは	独立語になる。		
動詞	動作、作用、存在を表す。動詞には、自動詞と他動詞がある。「音が出る」の「出る」は自動詞、「音を出す」の「出す」は他動詞である。他動詞は、このように目的語（〜を）を伴う。 例：動く、飛ぶ、走る、選ぶ	述語になる。	語尾変化（活用）がある。未然・連用・終止・連体・仮定・命令の6つの活用形がある。	
形容詞	性質や状態を表す。 例：美しい、大きい、おもしろい、若い		語尾変化（活用）がある。未然・連用・終止・連体・仮定の5つの活用形がある。	
形容動詞	性質や状態を表す。 例：きれいだ、元気だ、同じだ、静かだ			
助動詞	意味を加えたり、話し手、書き手の判断を表したりする。単独で文節を作ることはできず、常に用言（*1）や体言（*2）などの自立語について文節を作る付属語である。 例：です、ます、られる、ようだ	－	語尾変化（活用）がある。動詞型活用、形容詞型活用、形容動詞型活用、特殊型活用、および無変化型がある。	付属語
助詞	ほかの語との関係を示したり、意味を加えたりする。助動詞と同じ付属語であるが、活用はしない。 例：は、も、の、こそ、か	－	語尾変化（活用）がない。	

*1 動詞、形容詞、形容動詞の3つの品詞を合わせて「用言」といいます。

*2 名詞を指して「体言」といいます。文の最後が名詞で終わることを「体言止め」といいます。

2　用字・用語

日本語は、漢字、ひらがな、カタカナ、英数字が混在しており、それらは比較的自由度が高い書き方がなされてきました。ビジネスの場における用字・用語の使い方には、ある程度決まった表現があります。

日本語の書き方の規則・基準として制定されているものに、「常用漢字表」「現代仮名遣い」「送り仮名の付け方」「外来語の表記」があります。公用文を書くときの基準としては、「公用文作成の要領」「公用文における漢字使用等について」があります。

❶ 漢字の使い方

●常用漢字

漢字を使うとき、目安になるのが常用漢字です。常用漢字とその読み方は、常用漢字表として昭和56年（1981年）10月に制定され、「一般の社会生活において現代の国語を書き表すための漢字使用の目安」として使われていました。

常用漢字はその後、「情報化時代に対応する漢字政策の在り方を検討することが必要」とされ、見直しが行われました。その結果、196字追加、5字削除、音訓の追加・変更・削除などの見直しがなされ、改定された常用漢字表が平成22年（2010年）11月に内閣告示されました。

常用漢字の数は2,136字あり、それらは「表内字」と呼ばれます。常用漢字表には、漢字の読み方が示されており、それを「表内音訓」と呼びます。常用漢字表以外の漢字は「表外字」と呼ばれ、常用漢字表にない読み方は「表外音訓」と呼ばれます。

常用漢字表には、本表と付表があります。本表には漢字2,136字の字体と読み方（音訓）および語例が掲げられています。付表には、いわゆる当て字や熟字訓などの123語とそれらの読み方が載っています。付表には、「明日（あす）」「大人（おとな）」「今日（きょう）」など、ふだんよく使う語が含まれています。

ビジネス文書の作成にあたっては、この常用漢字表が漢字使用の目安になります。ビジネス文書では常用漢字以外は使えないということではありませんが、多くの人が読むことを考えると、常用漢字の範囲内で漢字を用いるのが好ましいといえます。

ただし、常用漢字であれば無条件で使ってよいということではないので、注意が必要です。動詞や名詞に常用漢字を使うのは問題ありませんが、助動詞や助詞には「〜でない（〜で無い）」「〜ように（〜様に）」「〜くらい（〜位）」のようにひらがなを使います。副詞や形容詞の場合は、漢字を使う場合もあれば、ひらがなを使う場合もあります。

漢字で書くかひらがなで書くか迷ったとき参考になるのが、スタイルガイドや新聞社が発行している用字用語辞典です。使いやすいものを1冊選んで手元に置いておくと便利です。

●公用文における漢字使用

「公用文における漢字使用等について」（昭和56年10月事務次官等会議申し合わせ、平成22年11月内閣訓令）の「1　漢字使用について」には、常用漢字表の本表にある音訓に従って語を書き表すときの留意事項があります。「原則として漢字で書く語」と「原則としてひらがなで書く語」を規定しています。漢字とひらがなの使い分けについては、主に品詞によって区別しており、「原則としてひらがなで書く語」は、常用漢字であっても、ひらがなで書くことになります。

●ビジネス文書の漢字の使用基準

品詞によって、漢字を使ったりひらがなを使ったりすることは、新聞や産業界でも広く採用されていますが、内容が少しずつ異なっており、明確な基準はありません。

表2.3は、「公用文における漢字使用等について」に掲げられている漢字とひらがなの使い分けに関する方針の要点を示したものです。ここで示された考え方は参考になりますが、この内容は新聞で一般的に使われている方針との違いもあり、また一般にビジネス文書で使われている漢字とひらがなの使い分けと完全に一致しているわけでもありません。ビジネス文書では品詞による漢字とひらがなの使い分けを、何を基準にして考えればよいかという問題は難しく、明確な答えが出しにくい状況にあります。会社によっても方針はばらばらです。企業や組織としてそれぞれ何らかの方針が示され、文書を書くときの参考にできるようになることが望まれます。

■表2.3　公用文における漢字とひらがなの使い分け

品詞	留意事項	例
代名詞	例に示したような代名詞は、原則として漢字で書く。	俺、彼、誰、何、僕、私、我々
副詞、連体詞	例に示したような副詞および連体詞は、原則として漢字で書く。 ただし、「かなり」「ふと」「やはり」「よほど」のような副詞は原則としてひらがなで書く。	（副詞） 余り、至って、大いに、恐らく、概して、必ず、必ずしも、辛うじて、極めて、殊に、更に、実に、少なくとも、少し、既に、全て、切に、大して、絶えず、互いに、直ちに、例えば、次いで、努めて、常に、特に、突然、初めて、果たして、甚だ、再び、全く、無論、最も、専ら、僅か、割に （連体詞） 明くる（日）、大きな、来る、去る、小さな、我が（国）
接尾語	例に示したような接尾語は、原則としてひらがなで書く。	げ（惜し<u>げ</u>もなく）、ども（私<u>ども</u>）、ぶる（偉<u>ぶる</u>）、み（弱<u>み</u>）、め（少<u>なめ</u>）
接続詞	例に示したような接続詞は、原則としてひらがなで書く。 ただし、「及び」「並びに」「又は」「若しくは」の4語は公用文では漢字で書く。一般のビジネス文書では、ひらがなで書かれている場合が多い。	おって、かつ、したがって、ただし、ついては、ところが、ところで、また、ゆえに
助動詞、助詞	助動詞および助詞はひらがなで書く。	ない（行か<u>ない</u>。）、ようだ（〜方法がない<u>ようだ</u>。）、ぐらい（〜歳<u>ぐらい</u>の人）、だけ（〜した<u>だけ</u>である。）、ほど（三日<u>ほど</u>経過した。）
その他	例にあげた語句を、（　）の中に示した例のように用いるときは、原則としてひらがなで書く。	ある（その点に問題が<u>ある</u>。）　いる（ここに関係者が<u>いる</u>。）　こと（許可しない<u>こと</u>がある。）　できる（誰でも利用が<u>できる</u>。）　とおり（次の<u>とおり</u>である。）　とき（事故の<u>とき</u>は連絡する。）　ところ（現在の<u>ところ</u>差し支えない。）　とも（説明すると<u>とも</u>に意見を聞く。）　ない（欠点が<u>ない</u>。）　なる（合計すると1万円に<u>なる</u>。）　ほか（その<u>ほか</u>〜、特別の場合を除く<u>ほか</u>〜）　もの（正しい<u>もの</u>と認める。）　ゆえ（一部の反対の<u>ゆえ</u>にはかどらない。）　わけ（賛成する<u>わけ</u>にはいかない。）　〜かもしれない（間違い<u>かもしれない</u>。）　〜てあげる（図書を貸し<u>てあげる</u>。）　〜ていく（負担が増え<u>ていく</u>。）　〜ていただく（報告し<u>ていただく</u>。）　〜ておく（通知し<u>てお</u><u>く</u>。）　〜てください（問題点を話し<u>てください</u>。）　〜てくる（寒くなっ<u>てくる</u>。）　〜てしまう（書い<u>てしまう</u>。）　〜てみる（見<u>てみる</u>。）　〜てよい（連絡し<u>てよい</u>。）　〜にすぎない（調査だけ<u>にすぎない</u>。）　〜について（これ<u>について</u>考慮する。）

❷送りがなの付け方

送りがなについての基準には、「送り仮名の付け方」（昭和48年6月内閣告示、平成22年11月一部改正）があります。

この基準のもとになった考え方は、次の3点です。

- 活用のある語およびそれを含む語は、活用のある語の語尾を送る。
- 誤読される恐れのないように、また読みにくくならないように送る。
- 慣用が固定していると認められるものは、それに従う。

「送り仮名の付け方」には7つの通則があり、「本則」「例外」「許容」「注意」の4つの項目に分けて記述され、それぞれに該当する語の例が載っています。

この中の「許容」は、慣用が広く使われているため、本則には反するが認めようという表記方法です。表2.4は、本則と許容を比較したものです。許容は、ほとんどが送りがなを省くようになっています。ただし、「表す」「著す」「現れる」「行う」「断る」「賜る」の6つの動詞については、「表わす」「著わす」「現われる」「行なう」「断わる」「賜わる」と、活用語尾の前の音節から送るのを許容としています。

本則と許容のどちらを採用するかは基準を使う側に任されていますが、本則を採用するのが一般的です。

■表2.4　本則と許容の比較

本則	許容
浮かぶ	浮ぶ
生まれる	生れる
押さえる	押える
起こる	起る
暮らす	暮す
申し込む	申込む
打ち合わせる	打ち合せる、打合せる
待ち遠しい	待遠しい
日当たり	日当り
売り上げ	売上げ、売上
答え	答
晴れ	晴

第1章
第2章
第3章
第4章
第5章
第6章
第7章
第8章
模擬試験
付録
索引

❸ 現代かなづかい

現代の国語を書き表すためのかなづかいのよりどころを示すものとしては、「現代仮名遣い」（昭和61年7月内閣告示、平成22年11月一部改正）があります。
主な内容に、次のようなものがあります。

●長音

アイウエオの各列の長音は、それぞれの列のかなに「あ」「い」「う」「え」「う」を添えて書くとなっています。オ列の長音は「お」ではなく「う」になります。

> おか<u>あ</u>さん（お母さん）、に<u>い</u>さん（兄さん）、く<u>う</u>き（空気）、ね<u>え</u>さん（姉さん）、
> と<u>う</u>だい（灯台）

ただし、次のような語は、オ列のかなに「お」を添えて書きます。

> お<u>お</u>かみ（狼）、お<u>お</u>やけ（公）、こ<u>お</u>り（氷）、ほ<u>お</u>（頬）、と<u>お</u>（十）、お<u>お</u>い（多い）、
> お<u>お</u>きい（大きい）、と<u>お</u>い（遠い）、お<u>お</u>よそ

●動詞の「言う」

動詞の「言う」は「ゆう」ではなく「いう」と書きます。

●同音の連呼によって生じた「ぢ」「づ」

同音の連呼によって生じた次のような語は、「ぢ」「づ」を用いて書きます。

> ち<u>ぢ</u>む（縮む）、つ<u>づ</u>み（鼓）、つ<u>づ</u>く（続く）

ただし、次のような語については、「じ」を用いて書きます。

> いち<u>じ</u>く、いち<u>じ</u>るしい（著しい）

●2語の連合によって生じた「ぢ」「づ」

2語の連合によって生じた次のような語は、「ぢ」「づ」を用いて書きます。

> はな<u>ぢ</u>（鼻血）、そこ<u>ぢ</u>から（底力）、みか<u>づ</u>き（三日月）、た<u>づ</u>な（手綱）

ただし、次のような語については、「じ」「ず」を本則とし、「ぢ」「づ」は許容とします。

> せかい<u>じ</u>ゅう（せかい<u>ぢ</u>ゅう）（世界中）、いな<u>ず</u>ま（いな<u>づ</u>ま）（稲妻）

次のような語については、漢字の音読みでもともと濁っていたものなので、「じ」「ず」を用いて書きます。

> <u>じ</u>めん（地面）、ぬの<u>じ</u>（布地）、<u>ず</u>が（図画）、りゃく<u>ず</u>（略図）

❹ 外来語の表記

外来語の表記の指針としては、「外来語の表記」（平成3年6月内閣告示）があり、外来語の表記のよりどころが示されています。ここには、外来語を表記するのに必要なカタカナの「表」「留意事項その1（原則的な事項）」「留意事項その2（細則的な事項）」が記載されています。また、付録の用例集には、日常よく用いられる外来語を中心に多くの例が示されています。

外来語の表記に用いるカタカナの表には、「第1表」と「第2表」があります。

一般的なカタカナ表記は第1表により、外国語に近い発音で書き表す必要があるときは第2表によるとしています。

外来語には表記のゆれのあるものが多く、完全に統一を図るのは難しい面があります。よく問題になるのが、長音符号（ー）の扱いです。「外来語の表記」には、「英語の語末の-er、-or、-arなどに当たるものは、原則としてア列の長音として長音符号「ー」を用いて書き表す。ただし、慣用に応じて「ー」を省くことができる」とあります。会社や業界で慣用的な表記方法が定着している場合は、それに従うというのがひとつの考え方です。

❺ 同音異義語と異字同訓語

同音異義語と異字同訓語の間違いはよく目にします。漢字変換したとき、間違っていないかよく注意しましょう。

●同音異義語

日本語には、数多くの同音異義語があります。「回復」と「快復」、「実体」と「実態」、「保証」と「保障」など間違いやすい漢字が多いので、十分に注意する必要があります。

●異字同訓語

異なる漢字でも同じ訓読みをするものを、異字同訓語と呼びます。「図る」と「計る」、「務める」と「努める」、「油」と「脂」など、異字同訓語のほうも間違いやすい漢字が多いので、注意しなければなりません。

第1章
第2章
第3章
第4章
第5章
第6章
第7章
第8章
模擬試験
付録
索引

3　漢字とひらがなの使い分け

漢字とひらがなの使い分けについての一般的な考えを示します。

常用漢字であれば、名詞や動詞には積極的に使ってもかまいません。漢字には直感的に意味を把握しやすくするという優れた特性があるため、適度に漢字が含まれたほうが読みやすくなります。ただし、接続詞や助詞のような補助的な用語にも漢字を使うと、文章全体が難しい印象を与え、読みにくくなります。つまり、漢字を使うときには、適度なバランスが必要だということです。

❶形式的な名詞はひらがなにする

「〜することが必要です」の「こと」は形式的な名詞で、「形式名詞」と呼ばれています。形式名詞はひらがなで書きます。形式名詞には、ほかに「〜したときは〜」の「とき」、「今のところうまくいっている」の「ところ」、「そのうちに〜」の「うち」、「比べものにならない」の「もの」などがあります。これらの形式名詞は、いずれもひらがなで表記します。

❷助動詞や助詞、接続詞などはひらがなで書く

「〜がち」「〜である」「〜ように」「また」「〜になって」「〜ない」「〜でよい」など、補助的な用語はひらがなで書きます。これらの用語に漢字を使うと、目に付いてほしい肝心な名詞や動詞が相対的に目立たなくなるという問題もあります。助詞、助動詞、接続詞、補助動詞（「ある」「いる」「みる」「くる」「おく」など、ほかの語について補助的な役割で使われる動詞）、接頭語、接尾語もひらがなで書きます。

❸常用漢字表にある漢字（表内字）を基準にする

漢字には表内字を使い、表外字は原則としてひらがなで書きます。ただし、表外字は絶対使わないと考える必要はありません。固有名詞や読み手が問題なく読めると判断した漢字（たとえば、「磯辺」「栗色」「梱包」「鮭缶」「楕円」など）は使ってよいでしょう。

❹常用漢字表で認められている音訓（表内音訓）を基準にする

たとえば、「予」や「愛」は常用漢字表に載っていますが、表内音訓を基準に考えれば「あらかじ（め）」や「いと（しい）」という音訓はありません。表内音訓を基準にすると、「予め」や「愛しい」は使わないでひらがなで表記するということになります。

❺表意効果が高い用語は漢字にする

副詞と代名詞でも、表意効果が高いと思われる語は漢字が使われることが多いようです。漢字にしたほうがよい副詞には、次のようなものがあります。

> 新たに、大いに、本当に、必ず、決して、次に、非常に、一概に、一度に、一般に、一気に、常に、実に、実際、要するに、絶対に、依然、主に、少し、最も、割に、特に、再び、突然、次第に、同時に、無理に

⑥補助的な用語はひらがなで書く

接続詞、助動詞、補助動詞、連体詞などは、表2.5に示したように原則としてひらがなにします。これらの用語は、文章の中の補助的な構成要素なので、ひらがなにすることで、文章上ではより重要な名詞や動詞を相対的に強調できます。

■表2.5　補助的な用語のひらがな表記

補助的な用語	ひらがな表記
但し（接続詞）	ただし
尚（接続詞）	なお
或いは（接続詞）	あるいは
即ち（接続詞）	すなわち
所で（接続詞）	ところで
〜の様に（助動詞）	〜のように
〜して来る（補助動詞）	〜してくる
〜して見る（補助動詞）	〜してみる
〜して行く（補助動詞）	〜していく
〜頂く（補助動詞）	〜いただく
此の（連体詞）	この
有り難う（感動詞）	ありがとう
程（助詞）	ほど
位（助詞）	くらい
迄（助詞）	まで
御〜（接頭語）	お〜、ご〜
〜毎（接尾語）	〜ごと

但し
↓
ただし

❼ 品詞によって漢字とひらがなを使い分ける

同じ言葉でも、品詞や意味によって漢字とひらがなを使い分けたほうがよい場合があります。たとえば、「ぜひ（是非）」という言葉は、副詞として使うときはひらがなにし、名詞として使うときは漢字にします。

表2.6に、例を示します。

■表2.6　品詞による漢字とひらがなの使い分け

漢字を使う例	漢字を使わない例
テレビを見る。（動詞）	動いてみると〜（補助動詞）
テーブルの上に置く。（動詞）	用意しておく。（補助動詞）
今10時だ。（名詞）	いま一度〜（副詞）
ある所に行く。（名詞）	現在のところ〜（形式名詞）
時と場合によっては〜（名詞）	急いでいるときは〜（形式名詞）
遊びに来る。（動詞）	明るくなってくる。（補助動詞）
大きな声で言う。（動詞）	Aさんという人。（連語）
オフィスの中に居る。（動詞）	動いている。（補助動詞）
万の位まで表示できる。（名詞）	せめてお茶くらい〜（助詞）
時間が過ぎる。（動詞）	幻想にすぎない。（連語）
大目に見る。（名詞）	多めに購入する。（接尾語）
手紙を下さい。（動詞）	セットしてください。（補助動詞）
事の起こりを知る。（名詞）	来ることもある。（形式名詞）
手を上げる。（動詞）	教えてあげる。（補助動詞）
余りが出た。（名詞）	あまりに少ない。（副詞）
資源には限りがある。（名詞）	動かないかぎり〜（接尾語）

⑧常用漢字表にない読み方の漢字を書き換えたり言い換えたりする工夫

常用漢字表にない読み方の漢字の書き換え例を、表2.7に示します。左側が表外音訓で右側が表内音訓です。右側の表記を使います。

■表2.7　表外音訓と表内音訓の比較

表外音訓	表内音訓
較べる	比べる
融ける	溶ける
拡げる	広げる
遇う	遭う
貯える	蓄える
棄てる	捨てる
解る、判る	分かる
個所	箇所
手許	手元

難しい漢字は使わないで、表2.8の例のように言い換える工夫も必要です。左側は表外字なので使わないようにし、右側の表内字を使います。

■表2.8　漢字の言い換え

表外字	表内字
婉曲	遠回し、それとなく
塵埃	ほこり
隘路	障害、じゃま
全貌	全体の姿、全容、全体
漏洩する	漏れる
軋轢	争い、不和、摩擦
安堵	安心
牽制	抑制、制約、束縛
狡猾	ずるい、悪賢い

第1章
第2章
第3章
第4章
第5章
第6章
第7章
第8章
模擬試験
付録
索引

表2.9のように、表外字の部分をひらがなで書く方法もあります。

■表2.9　表外字のひらがな表記

表外字	表内字+ひらがな
改竄	改ざん
曳航	えい航
愛嬌	愛きょう
厭世	えん世
円錐	円すい
急遽	急きょ

4　数字の書き方

ビジネス文書は一部の社交文書を除いて、左横書きが基準になっているため、算用数字が多用されます。西暦、金額、文書番号、電話番号などには、算用数字を使います。

金額を示す数字は、3桁ごとにカンマ（，）で区切ります。ただし、西暦や文書番号には、必要ありません。

漢数字と算用数字の使い分けで迷うことがあります。次のように、一般の数の表記には算用数字を使い、熟語や概数には漢数字を使うことが使い分けの基本です。

● 一般の数の例

2025年4月1日までに完成させる。
5億8,500万円
定価76,500円
第5回全国大会

● 熟語、固有名詞の例

世界一、一部分、二言目、一致、四国、二重橋、九州

● 概数の例

数十日、十数倍、百数十円、三千メートル級の山

● 貨幣を表す数字

千円札、百円硬貨

また、算用数字と漢数字は、同じ数字であっても、表2.10のように使い分けます。

■表2.10　算用数字と漢数字の使い分け

算用数字	漢数字
5人受験して1人合格	一人っ子が増えている。
定価は500円です。	五百円玉が使えます。
8画の文字	一点一画
イスを3脚	カメラの三脚
約100語知っている。	この一語に尽きる。
3色のカラー印刷	三色スミレ
2進法	一進一退
靴を1足	一足飛び
10代	一代雑種
4つの理由	四つ角
1対3	好一対
水を1、2滴	最後の一滴まで
適温は43度	一度に
用紙を3枚	三枚目

第1章
第2章
第3章
第4章
第5章
第6章
第7章
第8章
模擬試験
付録
索引

文章表現の基本

誤解を招くことがないわかりやすい文を正しい日本語で書くことは、文章表現の基本です。ここでは、これらの具体的な表現技術を学びます。

1 ビジネス文書の文章表現

ビジネス文書を書くときに必要な事柄を整理すると、次のとおりです。

❶ 目的をはっきり意識し、主題を明確にする

どんな情報を伝えたいのか、何が実現してほしいのかという、目的をはっきり意識し主題を明確にしながら書くことが大事です。文章で伝えられた情報によって、何らかの行動が促されたり、考えや判断が変化することが期待されています。ビジネスパーソンは、組織の一員として文章を書くことで、これらの目的を達成していくことになります。

❷ どうしたら効率よく伝わるかを考える

文章を効率よく伝えるためには、文章全体をどのような順序と内容で展開していくかを考える必要があります。また、どのようなフォーマットを採用すべきかを考え、個々の文書の書き方を工夫することも求められます。

❸ 簡潔でわかりやすい文章にする

文章は、簡潔でわかりやすいものにしなければなりません。ビジネスの文章を書くときは、常にこのことを意識することが大事です。

❹ 相手に合わせて内容や表現を考える

書いた内容が相手に十分に伝わらなければ、せっかく書いたものも無駄になってしまいます。書き手は、読み手がどんなことに興味を持っているのか、何を求めているのかを思い浮かべながら書くことも必要です。読んでほしい相手の人物像を具体的にイメージしながら書いていきます。

❺ 用語や記述内容を相手の知識レベルに合わせる

専門的な内容の場合は、その文章を読む相手の知識レベル、技術レベルを想定しながら書きます。専門的な知識を持たない相手には、専門用語を一般的な用語に置き換えたり、解説を加えたりする配慮が必要です。

❻ 必要な情報だけを伝える

文章の目的や読み手から考えて、何が必要で何が不要な情報かをはっきりさせることが重要です。必要な情報が明確になったら、それ以外の余分な情報や本題から外れた事柄は排除します。伝えなければならない情報とそうでない情報が混在していると、大事な情報が埋もれてしまう恐れがあります。不要な情報を切り捨てることで、必要な情報が伝わりやすくなり、文章の目的が達成できるようになります。

2 わかりやすい文章表現

わかりやすい文章を書くため、わかりにくい文章の特徴と、わかりやすい文章にするための改善点を理解しておきましょう。

❶ 2つの事柄を含んだ文は、2つの文に分ける

1つの文の中に2つの事柄が含まれているときは、2つの文に分けるとわかりやすくなります。分けすぎると細切れの文が続いて全体が単調になってしまうことがありますが、次の例のように2つの事柄を含んだ長い文の場合は効果があります。

> プレゼンテーションが終わった時、流れに一貫性がないと感じたり全体として言いたいことが伝わってこなかったりした場合は、コンテンツに矛盾が含まれていることが多く、事前にリハーサルを行って、論旨に一貫性が感じられるかよく確認しておく必要がある。

> プレゼンテーションが終わった時、流れに一貫性がないと感じたり全体として言いたいことが伝わってこなかったりした場合は、コンテンツに矛盾が含まれていることが<u>多い</u>。事前にリハーサルを行って、論旨に一貫性が感じられるかよく確認しておく必要がある。

❷ わかりにくい指示語は使わない

「この」「その」「これらの」「それらの」などの指示語が何を指しているのか瞬間的にわかる場合は、使っても問題ありません。同じ言葉の繰り返しを避けることができるため簡潔になります。しかし、同じ指示語が何度も繰り返されたり、指示語が何を指しているのかよくわからないようでは困ります。次の例には、わかりにくい指示語が使われています。このような場合は、言葉を補ったり指示語をやめたりしてはっきりわかるようにします。

> 聞き手の人数によっても、プレゼンテーションの仕方を変えるのがよい。<u>それ</u>によって参加意識が大きく異なるし、集中力も変わってくるためである。

> 聞き手の人数によっても、プレゼンテーションの仕方を変えるのがよい。<u>人数</u>によって参加意識が大きく異なるし、集中力も変わってくるためである。

第1章
第2章
第3章
第4章
第5章
第6章
第7章
第8章
模擬試験
付録
索引

❸ 長い文は分割する

いろいろな原因で文が長くなってしまったときは、原因を探って文を2つに分けるなどの方法で簡潔な文にします。

●「が」「し」「て」などの接続助詞を使って文を長くしない

「〜であるが、〜である」や「〜とし、〜とする」のように、接続助詞「が」や「し」を使った文には、いろいろな問題があります。「相談したが、適切な答えは得られなかった」のように短い文をわざわざ2つに分ける必要はありませんが、次の例のように長すぎる場合は分割を考えましょう。

> 記念パーティー、新年度の全社キックオフミーティング、仲間内のインフォーマルなパーティーなどで行われるのが「楽しませるプレゼンテーション」になる<u>が、</u>このような場ではユーモアが感じられる笑いを誘う話、少し風刺の効いた話、知的好奇心を満足させる話、非日常的な世界にいざなう話、心和むような話などが取り上げられる。

> 記念パーティー、新年度の全社キックオフミーティング、仲間内のインフォーマルなパーティーなどで行われるのが「楽しませるプレゼンテーション」である。このような場では、ユーモアが感じられる笑いを誘う話、少し風刺の効いた話、知的好奇心を満足させる話、非日常的な世界にいざなう話、心和むような話などが取り上げられる。

●長い修飾句は切り離す

次の例のように、長い修飾句（下線部）が含まれている文は、切り離して2つの文に分けることを考えます。

> <u>図解したいテーマの特性を示す縦軸と横軸を設定してできる4つの領域（象限）に、表現したい内容をマッピングする方法が</u>座標軸を使った図解であるが、この方法は比較的簡単に作れる割に効果が大きい。

> 座標軸を使った図解は、比較的簡単に作れる割に効果が大きい。この図解の仕方は、図解したいテーマの特性を示す縦軸と横軸を設定してできる4つの領域（象限）に、表現したい内容をマッピングして行うものである。

●長い挿入句は切り離す

挿入句が長いと、読んでいるうちに主語と述語の関係や係り受けの関係がわかりにくくなることがあります。長い挿入句（下線部）は、切り離して文を2つに分けることを考えます。そうすれば、次の例のように主語と述語は近づき1つの文が短く簡潔になります。

> A社が開発した浄水器「クリーンスイゾウ」シリーズは、<u>システムキッチンの蛇口との一体感を追求したシンプルなデザインや練り上げられた使い勝手が評判</u>で、販売が好調である。

> A社が開発した浄水器「クリーンスイゾウ」シリーズの販売が好調である。この製品は、システムキッチンの蛇口との一体感を追求したシンプルなデザインや練り上げられた使い勝手が評判になっている。

4 語句の繰り返しを避ける

1つの文の中に、同じ語句が繰り返されていると、くどく感じたり稚拙な印象を受けたりします。同じ言葉の片方を別の言葉に変えたり言い回しを変えたりして、表現を変える工夫をしましょう。

1つの文の中に同じ語句を含んでいる例を、次に示します。最初は同じ言葉（名詞）が繰り返された例であり、その次は同じ意味の言葉（動詞）が繰り返された例です。

> 展示会場の<u>場所</u>は、次の条件を満たす<u>場所</u>を選びます。

> 展示会場には、次の条件を満たす場所を選びます。

> 各委員会の来年度の活動計画を<u>決定し</u>、2月10日までに<u>決めて</u>ください。

> 各委員会の来年度の活動計画を、2月10日までに決めてください。

第1章
第2章
第3章
第4章
第5章
第6章
第7章
第8章
模擬試験
付録
索引

❺ 文末をすっきりさせる

文末に回りくどい表現が使われていることがよくあります。文末は、少し意識するだけですっきりさせることができます。いくつか例を示します。

> ～を動かす<u>こと</u>にします。

> ～を動かします。

> ～が必要で<u>あるといえます</u>。

> ～が必要です。

> <u>～するように</u>します。

> ～します。

3 誤解を招かない文章表現

誤解を招きやすい文には、いくつかのパターンがあります。どのような表現がなぜ問題になるのか、具体的な例を示して説明します。

❶ 二通りの意味にとれる文を書かない

2つの意味に解釈できる文には、いくつかのパターンがあります。以下、5種類のパターンを示します。

●「〜のように」を否定文で使わない

「〜のように」と「〜でない」を1つの文で一緒に使うと、「〜のように」がどこまで続くのか曖昧になるため、複数の解釈ができてしまいます。このパターンを使うのは避け、文全体を書き直して、曖昧さをなくしましょう。

次の文は、「AさんはBさんとは違って計算が不得意」なのか、「AさんもBさんも両方不得意」なのか、そのどちらにも解釈できるのが問題です。修正した例のようにすれば誤解されることはありません。

> AさんはBさんのように計算が得意でない。

> AさんはBさんとは違って計算が得意ではない。
> AさんもBさんも計算が得意ではない。

●係り先を明確にする

形容詞や副詞の係り先が二通り考えられると、曖昧な文になります。たとえば、「新しい会社のサービス」は、会社が新しいのかサービスが新しいのかわかりません。サービスが新しいのであれば、「会社の新しいサービス」とすれば間違いは起こりません。もし会社が新しいのであれば、「新しい会社が提供するサービス」のように表現を工夫すれば、誤解は避けられます。語句を入れ替えたり2つの文に分けたりして、曖昧さをなくしましょう。

●区切りがわかるようにする

文の区切り方によって、意味が異なることがあります。読点で区切りを明確にしたり語順を変える工夫をしたりして、曖昧さを排除する必要があります。

次の文は、部長と部員合わせて6人なのか、部長1人と部員6人の合計7人なのか曖昧です。区切りが明確にわかるように表現を変えます。

> 午後の会議に、部長と部員6人が出席の予定です。

> 午後の会議に、部長と部員6人の合わせて7人が出席の予定です。
> 午後の会議に、部長1人と部員6人が出席の予定です。

●区切りを明確にする

次の文は、「彼は部長と（一緒に）」専務に報告したのか、「部長と専務（の双方）」に報告したのかはっきりしません。語句を追加するなどして、誤解されないようにしなければなりません。

> 彼は部長と専務に報告した。

> 彼は部長と一緒に、専務に報告した。
> 彼は、専務と部長の双方に報告した。

●二通りに解釈できる語句を使わない

見方によって、ある語句が二通りに解釈できることがあります。そのような表現になっていないか、常に注意しましょう。

次の文は、「好き」という語句が、「若者が好感を持っている」という意味と、「若者を好き」という意味と二通りに解釈できます。曖昧さが感じられないように工夫する必要があります。

> 研修会に若者が好きな講師が招かれました。

> 研修会に、若者に人気のある講師が招かれました。
> 研修会に、若者を好きな講師が招かれました。

❷ 混乱させるような書き方をしない

「～しないと、～しない」「～でないことはない」「～でないとは限らない」のように、一文に2つの否定形が入っている表現を二重否定といいます。二重否定の表現を使うとわかりにくい文になり、読み手に混乱を与えます。

次の文は、「～しないと、～しない」のわかりにくいパターンを、肯定文に変えることでわかりやすくした例です。

> 正しい判断をしないと、うまくいかない。

> 正しい判断をすれば、うまくいく。

❸ 読点の使い方に気を付ける

「、」は読点（とうてん）、「。」は句点（くてん）と呼びます。文書によっては「、」の代わりに、「，（カンマ）」を、「。」の代わりに、「．（ピリオド）」を使う場合があります。この句読点は、文章を読みやすくしたり、意味をわかりやすくしたりするのに重要な役割を担っています。読点の使い方には、いくつかの基本はあるものの、明確なルールはありません。ある程度自由に「、」を打つことができます。ところが、この「、」を不適切な位置に打つと、誤解を招いたり、さらに読みにくい文章になったりすることがあります。意味を正しく伝え、文章を読みやすくするために「、」の使い方はおろそかにできません。

❹ 読みやすくするために読点を打つ

読点には、語句や意味のまとまりを示して、文を読みやすくする働きがあります。特に長い文の場合は、適度に読点を打たないと読みにくくなります。読点に関する厳格なルールはありませんが、次のような考え方で打つのがよいでしょう。

●列挙する語句のあいだ

> 今年度は、資源の有効活用、省エネルギー、グリーン調達の3つのテーマに重点的に取り組みます。

●主語のあと（ただし、短い文には打たなくてもよい）

> 企業機密の適正な管理は、個人情報保護法の施行や不正競争防止法の改正などの法制度はもとより、企業の社会的責任としても強く求められています。

●文頭の接続詞や副詞のあと（ただし、短い文には打たなくてもよい）

> または、〜　　　しかも、〜　　　きっと、〜

●内容、理由、条件などの語句や節のあと

> もしそれが長期化すれば、会社の利益にも影響が及ぶだろう。
> 〜によって、〜　　　〜のため、〜　　　〜に関して、〜　　　〜ので、〜

●挿入句がある場合の前後

> 倫理委員会は、たとえそれが非常に難しい課題であっても、全社一丸となって取り組むことに決めた。

4　正しい日本語

正しい日本語とは、文の主題を示す主語と、主語を説明する働きをする述語の対応関係が問題ないことや、副詞の係り受けが正しいといったことを指します。

❶ 主語、述語の係り受けが正しい文にする

次の文の主語は「製品Aと製品Bの違いは」ですが、述語の「〜が異なります」とは対応していません。「〜は、〜が異なることです」のように、主語と述語を正しい係り受けの関係にして、文のねじれを直します。

> 製品Aと製品Bの違いは、主記憶装置が異なります。

> 製品Aと製品Bの違いは、主記憶装置が異なることです。

❷ 副詞の係り受けは慣用ルールに従う

どういう言葉で結ばれるかを予告する働きを持つ副詞があります。たとえば、「決して」は否定や禁止で結びます。「たぶん」で始まる文は推量を表します。口語では、何気なく使ってしまう言葉もありますが、文章では間違えると混乱を引き起こす場合があります。

●依頼
必ず〜してください。（肯定文で受けます）

●禁止
決して〜しないでください。（否定文で受けます）

●断り
残念ながら〜いたしかねます。

●否定
全然〜ではありません。とうてい〜できません。全く〜できません。必ずしも〜とは限りません。（いずれも否定文で受けます）

●比喩
たとえば〜のようなものです。〜のように〜です。

●仮定
もし〜だったら〜。たとえ〜でも〜。仮に〜でも〜。

●推量
たぶん〜でしょう。

●打ち消しかつ推量
まさか〜ではないでしょう。

●疑問
なぜ〜なのでしょうか。いったい〜か。はたして〜か。

●断定
きっと〜に違いありません。まさに〜です。もちろん〜です。

●反語
どうして〜でいられようか。

❸ 範囲を示す語句を正しく使う

数字の範囲を示すいろいろな表現があります。たとえば、基準の数値を含むときは「〜以上」「〜以下」「〜以降」「〜以内」「〜から」などを使います。これに対して「〜を超え」「〜未満」は、基準の数値を含みません。「〜を超え」は誤解されやすいので、十分な注意が必要です。

④ 主語を曖昧にしない

次の文には主語がありません。主語を省略しても前後の内容から問題ない文もありますが、次の文には主語が必要です。A社とB社の状況をよく知っている人は別として、そうでない人には「上場した」のが、A社なのかB社なのかわからないからです。「上場して」の前に「A社が」「B社が」「両社が」のように主語を補うと、曖昧さがない文になります。

> A社の売上が伸びてB社と並んだのは、上場してからである。

> A社の売上が伸びてB社と並んだのは、<u>A社が</u>上場してからである。

⑤ 自動詞と他動詞を区別する

次の文の「終わる」は自動詞ですが、「仕事を」という目的語が含まれています。他動詞「終える」を使わなければなりません。

> 仕事を期限内に<u>終わる</u>べく、残業を重ねた。

> 仕事を期限内に<u>終える</u>べく、残業を重ねた。
> 仕事を期限内に<u>終える</u>ために、残業を重ねた。

⑥ 能動態と受動態の混同

次の文は、「設備が」に対し「設置した」と能動態になっており、おかしい表現です。「設置した」のは「会社」や「人」であり、「設備」ではありません。「設備が」に続くのは「設置された」のように受動態でなければなりません。

> 要求どおりの設備が<u>設置した</u>のは、年が明けてからだった。

> 要求どおりの設備が<u>設置された</u>のは、年が明けてからだった。

第1章
第2章
第3章
第4章
第5章
第6章
第7章
第8章
模擬試験
付録
索引

文章表現の応用

箇条書きや表、カッコ類などの記述符号は、ビジネス文書でよく使われます。これらの使い方を理解し適切な使い方をすれば、よりわかりやすいビジネス文書になります。

1 箇条書き

「箇条書き」とは、ポイントとなる文や単語を整理して書き並べたものです。

ポイントを列挙した箇条書きは読み手にとってわかりやすいだけでなく、書き手にとっても、考えを整理したり書きたいことを漏れなくチェックできたりするという利点があります。そのため、連絡文書やプレゼンテーション資料などによく使われます。

箇条書きは、次のような場合に利用すると効果的です。

- 要点をまとめて示すとき
- 構成要素を示すとき
- 物事を分類して示すとき
- 手順を示すとき
- 複数の条件・規則・制約・注意点などを示すとき

❶ 項目をいくつも含んだ文は箇条書きにする

同じような項目を含んだ文が並んでいたり、1つの文の中にいくつもの項目が含まれていたりすると、わかりにくいことがあります。そのようなときは、箇条書きを使うと、次の例のようにすっきりまとまります。

> テレワークとは「情報通信技術（ICT）」を活用し本拠地のオフィスから離れた場所で仕事をすることで、働く場所で分けると、自宅で働く在宅勤務、移動中や出先で働くモバイル勤務、本拠地以外の施設で働くサテライトオフィス勤務があります。

> テレワークとは「情報通信技術（ICT）」を活用し本拠地のオフィスから離れた場所で仕事をすることです。次のような形態があります。
> ・自宅で働く在宅勤務
> ・移動中や出先で働くモバイル勤務
> ・本拠地以外の施設で働くサテライトオフィス勤務

❷ 箇条書きは1項目1要点、かつ全体を1つの大きな主題でまとめる

箇条書きは、その全体の項目が1つの大きな主題でまとまっているように記述します。異質の内容が紛れ込まないように注意しましょう。個々の箇条書きの1項目には、1要点だけを記述し、複数の要点が含まれるときは項目を分けます。

❸ 箇条書きの頭に記号や番号を付け順序を適切にする

箇条書きには特に順序はなく並列の関係にある場合と、1項目ずつ順に進めていく場合とがあります。並列のときは各項目の最初に「・」のような記号を付けます。ただし、連絡文書の記書きの箇条書きのように1項目ごとにはっきり示したいときは「1」「2」「3」…のような番号を付けます。手順を追って説明するときも、「（1）」「（2）」「（3）」…や「1」「2」「3」…、「1.」「2.」「3.」…のように番号を付けて示します。

並列に記述するものであっても、並べる順序に何らかの規則性があるのが好ましいといえます。規則性があると、自然に読めて理解も深まります。次のような順序があるので、適切なものを選ぶとよいでしょう。

- 重要な順
- 時間の順（操作の順、過去・現在・未来、発生順など）
- 空間的な順（北から南へ、左から右へ、前から後ろへなど）
- 興味の持てる順
- 具体的な順
- 大きい順・小さい順、重い順・軽い順など

2 記述符号

カッコ類や「●」「〇」「□」「：」「－」「！」「？」などを総称して「記述符号」と呼んでいます。これらの記述符号には、ほかにもいろいろな種類があります。

記述符号は上手に使うと、文章の一部が強調されたり文章にメリハリが出たりし読みやすくなります。しかし、使い方を誤ると言いたいことがうまく伝わらなかったり、誤解を招いたりすることにもなりかねません。

記述符号の種類と使い方を表2.11に示します。

第1章
第2章
第3章
第4章
第5章
第6章
第7章
第8章
模擬試験
付録
索引

❶ 記述符号は慣用に従って使う

記述符号は、おのおのの意味が決められています。慣用に従った一般的な使い方をしないと混乱を招くことがあります。表2.11の「使い方」から外れないように注意しましょう。

■表2.11　記述符号

記号	読み方	使い方
「　」	カギカッコ	文中にほかの語句・文を引用するときや会話文を示すとき、特定の語句を強調するときなどに使う。
『　』	二重カギカッコ	カギカッコでくくった文の中に、さらに会話体や強調する言葉が出てきたときに使う。書名を示すときも使う。
（　）	丸カッコ	補足説明をしたりちょっとした情報を追加したりするときに使う。文中の用語解説にも使う。
〈　〉	山カッコ	丸カッコの中で、さらにカッコでくくるときに使う。
。	句点	文の終わりを示す。
、	読点	文をわかりやすくするために、区切りに使う。
・	中点・中黒	名詞を並記するときに使う。カタカナ表記の外来語の区切りに使うこともある。
～	連続符号	範囲を示すときに使う。以下省略の意味で使うこともある。
＊、*	アスタリスク	注記に使う。
※	米印	補足説明や短い注意事項の説明に使う。
：	コロン	「例：～」のように事例を示すときや、「機能：～」のようにして意味や具体的内容を示すときに使う。
,	カンマ	横書きの文書で、読点として使う。半角のカンマは、数字の3桁ごとの区切りに使う（特に金額を表示するとき）。
.	ピリオド	句点として使うこともある。半角のピリオドは、小数点、略語に使う。
／	スラッシュ	並記した名詞の区切りや「または」の意味で、全角スラッシュを使うことがある。半角スラッシュは分数を示す。
…	三点リーダー	以下省略を示すときに使う。目次で、項目名とページ番号を結ぶときにも使う。
─	ダッシュ	全角ダッシュは、「東京─京都」のように語句のつなぎに使う。半角ダッシュを「50 - 60」のように範囲を示すときに使うこともある。
-	ハイフン	住所番地、電話番号の区切りなどに使う。英単語が行末と行頭に分割されるときのつなぎにも使う。
" "	引用符号	カギカッコの代わりに使うことがある。
々	繰り返し符号	漢字の繰り返しを示す（例：国々、山々）。
?	疑問符	正式なビジネス文書では、使用を避けたい記述符号。電子メールでは、質問するときや疑問を表現するときに使うことがある。
!	感嘆符	正式なビジネス文書では、使用を避けたい記述符号。電子メールでは、強調や意外性を表現するときに使うことがある。

❷ 記述符号の種類は限定して使う

記述符号の種類は多すぎると混乱し、効果がなくなります。たとえば、カッコ類の場合は、カギカッコ「 」と丸カッコ（ ）を標準として、ほかのカッコ類はできるだけ種類を限定して使うようにします。「§」「♯」「♪」なども、ビジネス文書では特に理由がない限り使わないほうがよいでしょう。

第1章
第2章
第3章
第4章
第5章
第6章
第7章
第8章
模擬試験
付録
索引

3 表

長い複雑な内容の文章を、簡潔にわかりやすくまとめる表現方法のひとつに、「**表**」があります。同じような項目が並んでいる文章の場合は、特に有効です。

まず、次の文章を読んでください。かなり読みにくい文章です。これを読みやすくするためには、内容を分析して箇条書きにする方法もありますが、この場合は表にまとめたほうが全体が整理され理解しやすくなります。表と文章を見比べてみると、表の特長がよくわかります。

> 世界中で中央銀行がデジタル通貨の発行を進める機運が高まっている。日本では2021年度に実証実験を開始し、民間や消費者が参加する実験が検討されている。中国ではすでに実証実験を実施中で、2022年の冬季北京までの発行を目指している。欧州では2021年の実証実験を検討し、米国は日欧などの共同研究に途中から参加する見込みである。

各国の中央銀行のデジタル通貨の発行状況

国または地域	概要
日本	2021年度に実証実験を開始し、民間や消費者が参加する実験を検討
中国	実証実験を実施中で、2022年の冬季北京までの発行を目指す
欧州	2021年の実証実験を検討
米国	日欧などの共同研究に途中から参加見込み

文章構成

個々の文をわかりやすく表現しただけでなく、文章構成や段落についても気を配りましょう。文章全体のわかりやすさが格段に向上します。

1 文章構成の基本

文章全体をどのように展開するかという構成パターンは、文章全体のわかりやすさを左右する大事なものです。構成パターンには、次のようなものがあります。

---

❶ 概論（結論を含むこともある）→各論

❷ 概論→各論→まとめ（結論）

❸ 概論→結論

❹ 起承転結

ビジネス文書では、❶～❸が文章構成の基本になります。代表的な構成パターンとして❶と❷を取り上げ、「**概論**」「**各論**」「**まとめ**」のそれぞれに含まれる要素を取り出してみると、次のようになります。

● 概論：全体の要約、要点、主張、課題、結論、問題提起、重要事項、重点事項、前置き
● 各論：本論展開、個別の説明、詳細説明、具体的内容、根拠、理由、対策
● まとめ：全体のまとめ、結論、重要事項の繰り返し、ポイントの整理

この「**概論→各論**」または「**概論→各論→まとめ**」に含まれるいろいろな要素を組み合わせることで、次のようなさまざまなパターンができあがります。
文章の目的や内容によって、何が最適な組み合わせかを考えて構成を決めます。

● 主張→根拠→まとめ
● 問題提起→対策→結論
● 全体の要約→詳細説明→まとめ
● 結論→理由
● 主張→根拠
● 前置き→根拠→結論
● 前置き→結論→詳細説明
● 要点→問題提起→対策→ポイントの整理

社内報の記事やエッセイのように、読み手の興味を引きながらストーリーとして読ませたいときは、「**起承転結**」の構成を採用することもあります。

第1章
第2章
第3章
第4章
第5章
第6章
第7章
第8章
模擬試験
付録
索引

2 段落構成の基本

段落とは、内容のまとまりごとに区切った単位です。通常の文章では、最初に1字分の空白を入れて段落を表します。電子メールなどでは、段落の代わりに1行程度の空白行を入れて、文章の区切りを表します。

段落がなければ、読み手はどこで意味の変化を読みとればいいのか判断しにくくなり、せっかくの内容が十分に伝わらないということにもなりかねません。

このように、文章を書くうえで、段落を意識することはとても重要なことです。また、どのような段落を設けるかということも、読み手に正確に理解してもらうためには必要なテクニックです。

❶段落を意識する

段落を意識するためには、伝えたいテーマについて、その内容をどのような順に並べて書くかをまず考えます。最初に、内容を箇条書きで書き出し、次に肉付けしてそれぞれを段落にしていくというのも、ひとつの方法です。

❷段落を適切に設ける

情報をわかりやすく伝えるためには、段落は適切でなければなりません。内容の区切りに対応していること、並べ方がわかりやすくなっていること、1段落の中の文の数は多すぎないことなどを考えます。ひとつの段落は、5文以下に抑えると、読みやすくなります。

STEP 5　敬語

ビジネスでは敬語を使う機会が多くありますが、敬語に苦手意識を持っている人も多いようです。しかし、ビジネス文書においては、敬語表現も求められます。基本を身に付けましょう。

1　敬語の種類

敬語には、相手を敬うときに使う「**尊敬語**」、逆に自分がへりくだることで相手を立てる「**謙譲語**」、そして丁寧な言い回しをする「**丁寧語**」と「**美化語**」があります。謙譲語には、謙譲語Ⅰと謙譲語Ⅱ（丁重語）の2種類があります。

敬語の種類

- 尊敬語
- 謙譲語
- 丁寧語
- 美化語

❶ 尊敬語

尊敬語は、相手や第三者を敬う場合に用いる言葉です。「なさる」「いらっしゃる」「くださる」のような尊敬の意味を含む動詞や、尊敬の意味を表す助動詞「れる」「られる」が付いた語、「お書きになる」「ご出発になる」のように「お（ご）〜になる」の形をとる場合などが尊敬語です。

尊敬語には、次のような基本パターンがあります。

パターン	用例
お〜になる	お持ち帰りになった資料は〜
ご〜になる	ご利用になる場合は〜
ご〜なさる	ご判断なさるよう〜
〜れる	出発されます。
お〜くださる	お越しくださる。

❷ 謙譲語

書き手が、自分や自分の側の動作をへりくだることによって、間接的に相手を敬う場合に用いる言葉が謙譲語です。謙譲語の中の謙譲語Ⅰは「申し上げる」「差し上げる」「伺う」のように、敬意の対象を立てて述べる言葉です。謙譲語Ⅱは、「おる」「いたす」「存じる」のように、相手に敬意を表して自分の動作に使う言葉です。

謙譲語には、次のようなパターンがあります。

パターン	用例
お〜いたす	お持ちいたします。
ご〜いたす	ご報告いたします。
お〜する	お届けします。

❸ 丁寧語

丁寧語は、相手に対してあらたまった気持ちで丁寧な言い回しをする場合に用いる言葉です。丁寧の意味を表す助動詞「です」「ます」の付いた語、丁寧の意味を表す接頭語「お」「ご」が付いた語などが、丁寧語です。

謙譲語は、丁寧語と重ねて使われるのが普通です。たとえば、謙譲語の「いたす」は、丁寧語の「ます」と重ねて「いたします」が使われます。

❹ 美化語

物事を美化して述べるのが美化語です。「ご健康」「お手紙」「お子様」「ご出発」のように、相手の身体、所有物、家族、動作に「お」「ご」を付けて使います。

2 文章の中の敬語

敬語は、文章の中にさまざまな形で使われ、文章の品格を高めたり潤いのあるものにしたりするなど重要な役割を担っています。

❶ 人を指し示す敬語

自分を指す場合は、「私」が標準の形になります。相手を指す場合は、「〇〇様」が標準の形ですが、それほどあらたまる必要がない場合は「〇〇さん」も用いられます。話し言葉では使っても、文章では、「社長」「専務」「部長」などに「様」や「さん」を付ける必要はありません。

❷ 「お」「ご」の付け方

「お」「ご」は相手に敬意を表し、相手の動作や物に付けます。「お名刺」「ご本」「ご指示」「お力添え」などがその例です。また、自分の動作に付けることもあります。
ただし、「お」「ご」も付けすぎると過剰な敬語表現になりますので、注意が必要です。

● 相手の動作や物事に敬意を表すとき

相手の動作や行為、物事に敬意を表したいとき、次のように付けます。

> ご協力を賜りたく存じます。
> くれぐれもご自愛ください。
> いただきましたお名刺のお名前を〜

● 自分の行為であっても、それが相手に対することであるとき

たとえば「ご送付いたします」の送付するのは自分ですが、「送付する」行為は相手に対することなので、「ご」を付けています。

● 敬意をさらに高めるために付ける「ご」

式典の案内の返信用はがきにある「ご芳名」がそうです。「芳名」自体に敬意が込められている言葉ですから「ご芳名」は二重敬語になっています。しかし、現在では「ご芳名」と書くのが一般的です。敬意をさらに高めるために付けられたのが一般化したと考えられます。したがって、返信用はがきを返送するときは、「ご芳」を二重線で消し、「氏」を加えて「氏名」とするのが、正しい書き方になります。
「ご尊名」「ご高名」など、ほかにも類似の言葉があります。

❸ 「お」「ご」を付けない場合

「お送りいただきました資料は確かに受け取りました」の場合、「お送りいただきました資料は確かにお受け取りしました」とは言いません。受け取るのは自分であり、ほかに行為が及ばないからです。同様に、「当日はご参加します」「必要書類をご持参します」「私のコメントをお書きします」の「ご」や「お」はいずれも不要です。「ご参加します」「ご持参します」「お書きします」は、それぞれ「参加します」「持参します」「書きます」にします。
「ご拝見」「ご拝受」などの「ご」も不要です。「拝」自体に、「謹んで〜する」の意味があるため、それに尊敬を表す「お」「ご」を付けると奇妙な感じになります。単に、「拝見」「拝受」で十分です。

❹ 尊敬語、謙譲語の使い方の注意点

尊敬語、謙譲語は、使い方を間違えることがよくあります。

●二重敬語を避ける

「ご～れる」の「ご」も「れる」も尊敬を表しています。一緒に使うと二重敬語になってしまいます。「れる」を使ったときは、「ご」は不要です。「ご」を使ったときは「～れる」は使わないようにします。例を見てみましょう。

> ✖ 社長はご出張される予定です。
> ⭕ 社長は出張される予定です。
> ⭕ 社長はご出張なさる予定です。

「お～られる」も二重敬語になります。「お」を付けたら「～られる」ではなく「～なる」を使うようにしましょう。

> ✖ お出かけになられる。
> ⭕ お出かけになる。

●謙譲表現と尊敬表現を取り違えない

謙譲表現を尊敬表現と取り違えて使ってしまうこともよくあります。例を見てみましょう。

> ✖ 前回と同じ対応をいたしてください。
> ⭕ 前回と同じ対応をなさってください。
> ✖ ご覧になったことを申してください。
> ⭕ ご覧になったことをおっしゃってください。

❺「お(ご)～する」のパターンにおける間違い

次のような間違いが起こらないように注意しなければなりません。

●尊敬表現の間違い

> ✖ いつでもご利用できます。
> ⭕ いつでもご利用になれます。
> ✖ どうぞいただいてください。
> ⭕ どうぞお召し上がりください。

●尊敬語と謙譲語の混同

> ✖ お客様が申されたことは～
> ⭕ お客様がお話しになられたことは～／お客様がおっしゃったことは～
> ✖ カタログを拝見されましたら～
> ⭕ カタログをご覧になりましたら～
> ✖ 何なりと申してください。
> ⭕ 何なりとおっしゃってください。
> ✖ 詳細は、説明員に伺ってください。
> ⭕ 詳細は、説明員にお聞きになってください。／詳細は、説明員におたずねください。

知識科目

■ **問題 1** 上司から、常用漢字だけを使って文書を作るように指示されました。できあがった文章を見ると、指示に反しているものがありました。その文はどれですか。次の中から選びなさい。

1 かねてより弊社では経営の多角化を進めてまいりましたが、今般、健康食品部門の拡大を目指し、別紙のとおり名古屋支店を開店する運びとなりました。

2 競争の激しい分野ではありますが、鋭意努力をして新商品の開発に努めてまいります。

3 蓄積されている文書が改竄されないように、管理を厳重にしています。

■ **問題 2** 社外文書を作ったところ、上司から「連絡してください」の表現はおかしいので修正するように指示されました。正しく修正されている文はどれですか。次の中から選びなさい。

1 ご連絡いただきたく存じます。

2 ご連絡するようお願いします。

3 ご連絡なさりますようお願いします。

■ **問題 3** 文章の中で「107,600万円」と書いたところ、読みにくいと指摘されました。わかりやすい表現はどれですか。次の中から選びなさい。

1 十億七千六百万円

2 10億7,600万円

3 1,076,000,000円

■ **問題 4** 「二通りの意味にとれる文を書かない」という方針で書いた文章に、方針に反する文が混入していました。その文はどれですか。次の中から選びなさい。

1 A社の設立はB社のように古くない。

2 断水後の復旧時には十分な赤水対策を実施しますが、赤水が抜けきれない場合がありますので、その際は赤水が収まるまで水を出し続けてください。

3 会議は1時間以内で行うことになっていますが、やむを得ない事由によって1時間を超えて会議を行う場合は、その都度会議室を管理する部門の承認を得てください。

■ **問題 5** 「構内駐輪場を利用する場合は自転車の登録が必要ですが登録されていない自転車が
かなりあって社員の自転車かどうか判別がつきにくい状態になっています。」という文を
書いたところ、読みにくいので読点を打つように指示されました。適切な読点の打ち方を
している文はどれですか。次の中から選びなさい。

1　構内駐輪場を利用する場合は自転車の登録が必要ですが、登録されていない自転車
がかなりあって、社員の自転車かどうか判別がつきにくい状態になっています。

2　構内駐輪場を、利用する場合は、自転車の登録が必要ですが、登録されていない自転
車が、かなりあって、社員の自転車かどうか、判別がつきにくい状態になっています。

3　構内駐輪場を利用する場合は自転車の登録が必要ですが登録されていない自転車
が、かなりあって社員の自転車かどうか判別がつきにくい状態になっています。

■ **問題 6** 主語と述語の係り受けがおかしいと指摘された文があります。その文はどれですか。次の
中から選びなさい。

1　会社代表電話や各職場の直通電話への勧誘電話が、以前より増加傾向にあります。

2　非常に残念なことですが、最近本社構内においてノートパソコンやUSBメモリーなど
の盗難が発生しております。

3　新システムの特長は、使い方が簡単です。

■ **問題 7** 「全然」「必ず」などの副詞は、呼応する表現が決まっています。次の中から、不適切な文
を選びなさい。

1　全然うまくいっています。

2　必ず出席してください。

3　たぶん進歩するでしょう。

■ **問題 8** 次の文を箇条書きにするように求められました。

> 本社北構内のA棟・B棟・C棟、本社南構内のD棟・E棟・F棟・G棟、本社西構内のH棟、お
> よび別館の施錠・解錠時間を4月1日から、セキュリティー強化のために変更します。

この文を箇条書きにした場合、箇条書きの項目数はいくつになりますか。次の中から選び
なさい。

1　4つ

2　5つ

3　6つ

問題 9　文中の専門用語を欄外で説明するために、専門用語と欄外に同じ記号を付けて説明することにしました。そのとき使う記号として適切なものはどれですか。次の中から選びなさい。

1　◎

2　*

3　※

問題 10　次の文章は受動態で書かれています。

> イントラネットにアクセスできる全拠点に、市民文化会館における創立記念式典のライブ映像が配信されます。イントラネットにアクセスできない拠点には、式典の模様を録画したDVDが後日用意されます。

この文章をすべて能動態にしたとき正しいものはどれですか。次の中から適切なものを選びなさい。

1　イントラネットにアクセスできる全拠点に、市民文化会館における創立記念式典のライブ映像を配信します。イントラネットにアクセスできない拠点には、式典の模様を録画したDVDを後日用意します。

2　イントラネットにアクセスできる全拠点に、市民文化会館における創立記念式典のライブ映像が配信します。イントラネットにアクセスできない拠点には、式典の模様を録画したDVDが後日用意します。

3　イントラネットにアクセスできる全拠点に、市民文化会館における創立記念式典のライブ映像を配信します。イントラネットにアクセスできない拠点には、式典の模様が録画されたDVDを後日用意します。

第3章
電子メールの
ライティング技術

電子メールの基本

電子メールは、今やビジネスの場におけるコミュニケーションツールとしてなくてはならないものになっています。電子メールの特長を生かしながら電子メールを効果的に使い、ビジネスの効率を向上させていくことが、ビジネスに関わるすべての人に求められています。

1 電子メールの書き方の基本

電子メールは、その特長を生かした利用の仕方をすることによって、効率のよい情報伝達が可能になります。電子メールの特性を考えた簡潔な書き方や、結論や重要なことを最初に示す書き方が必要です。

1 構成の基本

電子メールでは、伝えなければならない大事な部分を最初に持ってくるのが基本です。かなり読み進まないと重要な用件や結論が出てこない書き方は、読み手に無駄な時間をかけさせます。できるだけ短時間で、必要な内容が伝わる書き方にしなければなりません。

また、ビジネス文書と同様に、社内か社外かで盛り込む要素や表現が変わってきます。目的と読み手に合わせて、構成を組み立て、ふさわしい文章表現で書きましょう。

次の最初の例は、最後まで読まないと結論がわからない電子メールの文章です。書き換えた例のように、結論や重要なことは最初に示しましょう。

件名：5月度損益

経営会議メンバー各位

経営管理部の鈴木です。

5月度は、皆さんもご存じのように新製品の販売が伸び悩み、計画に対して88%の達成率となりました。しかし、輸出については、計画を大幅に上回る135%の達成率となりました。その結果、売上高は計画に対して93.8%の4億6千万円となり、利益は計画の約1.6倍の9千万円となりました。以上、月次損益の速報を報告いたします。

来月も引き続き、利益を上げていくよう、取り組んでいきましょう。

件名：5月度損益

経営会議メンバー各位

経営管理部の鈴木です。

5月度の月次売上集計と損益がまとまりました。以下にお知らせします。

・5月度の売上高：4億6千万円（達成率93.8%）
　　　　　　利益：9千万円（達成率160%）

売上高については、新製品の販売が達成率88%と伸び悩みましたが、輸出が達成率135%と好調であったため、その分をカバーできました。

来月も引き続き、利益を上げていくよう、取り組んでいきましょう。

どのようなメール文であっても、構成と記述の順序を意識することが大切です。重要性の高いものから低いもの、総論から各論、結果を述べてからその原因と順序を考えて記述します。そうすることで、電子メールによる情報伝達の効率が高まります。

❷ 具体的な件名

電子メールの件名は、わかりやすく具体的なものにします。一覧に並んだ件名を見ただけで、用件と目的がわかるように書きましょう。読まれないまま時間がたって、ほかの電子メールの中にうずもれてしまうかもしれません。

件名には、目的とキーワードを含ませて書きます。受信者にわかりやすくなるだけでなく、電子メールの発信者にとっても、あとで読み返す必要が出たとき、検索しやすくなって便利です。

たとえば、議事録の件名を単に「議事録」としたのでは、いつ行われた何の会議の議事録かわかりません。「新規プロジェクトミーティング（2021/2/15）議事録」のように書けば検索がしやすくなり、後日いつでも必要なときに内容を確認することができます。

目的に応じた件名の例を、次に示します。

- お願い　　　　→ 販売資料リスト作成のお願い
- お知らせ　　　→ 5月度QA会議開催のお知らせ
- 資料送付の件 → 業務改革プロジェクト発表資料送付
- 企画案　　　　→ 文書管理システム企画案

また、括弧で相手にして欲しいことやプロジェクト名など重要なキーワードを囲んで先頭に書けば、一目で目的が伝わります。例を次に示します。

- 【要返信】テレワーク環境改善アンケート
- 【連絡】社内勉強会（2/22開催）
- 【電子決済PJ】技術レビューミーティング日程変更通知

特に重要な電子メールや緊急に知らせる必要がある電子メールは、件名に「重要」「緊急」のような文字を入れると、そのことが相手に伝わりやすくなります。ただし、それほど重要でないものや緊急でない電子メールにもこれらの文字を頻繁に使っていると、信用されなくなる恐れがあります。乱用は慎まなければなりません。

❸ 1つの電子メールで1つのテーマ

1つの電子メールには、1つのテーマを記述するのが基本です。1つの電子メールに複数のテーマがあるときは、メール文を分けて送るようにします。

そうすることで、件名と中身が一致するためわかりやすくなり、また受信した電子メールを分類して保管するときも整理しやすくなります。

2　読みやすい電子メール

電子メールでは、簡潔でわかりやすい文章を書く技術が、紙の文書を作るとき以上に求められます。要点を絞って書いた簡潔なメール文は、読み手が素早く内容を理解できます。

❶簡潔な文で書く

ビジネスの場で使う電子メールでは、何よりも簡潔な文章が求められます。
画面上で、読みやすくわかりやすくするために、1文の長さは短くします。長い文は、分割したり表現を変えたりして短くします。必要な事柄だけを簡潔に伝えるよう工夫します。
1文の長さは50字以内を目安にします。

❷箇条書きを活用する

事実や検討すべき内容は、箇条書きにすると、項目ごとに確認しながら読み進むことができるので、理解しやすくなります。また、情報が整理されるので、メール文を書くとき伝えるべき情報が漏れることも少なくなります。
文を箇条書きに変えた例を、次に示します。

> この仕組みは、品質、環境対応、生産性、トータルコストの点で効果が見込めます。

> この仕組みは、次の点で効果が見込めます。
> 　・品質
> 　・環境対応
> 　・生産性
> 　・トータルコスト

> 誰がいつまでに実施するか、予算は確保できるのか、メンバーを集めることはできるのかという3つの項目の検討が今後必要です。

> 今後、次の3項目の検討が必要です。
> 　・誰が、いつまでに実施するか。
> 　・予算は確保できるのか。
> 　・メンバーを集めることはできるのか。

8月19日(木)に、本社第5会議室で、下半期活動計画についての会議を10時から1時間開催します。

下記のように会議を開催します。
　日　　時：8月19日(木) 10:00 ～ 11:00
　場　　所：本社第5会議室
　テーマ：下半期活動計画

ドキュメントの設計工程は、記載項目のリストアップ、モジュール化、モジュール間の構造化、モジュール内の構造化、ドキュメント構成の検証の順になります。

ドキュメントの設計工程は、次のとおりです。
1. 記載項目のリストアップ
2. モジュール化
3. モジュール間の構造化
4. モジュール内の構造化
5. ドキュメント構成の検証

❸ 段落を設ける

わかりやすいメール文を作るためには、段落を明確に意識しましょう。段落間を1行空けます。そうすることで、段落が視覚的にもはっきり識別できるようになり、読みやすく理解しやすいものになります。電子メールでは、次の例のようにして段落を区別するのが一般的です。

件名：教育研修会開催の月例化

販売促進部の教育研修会は、今まで不定期で開催してきました。しかし、このところ新製品が相次いで販売されているため、教育研修会を月例にしてはどうかという声が高まってきました。そこで、来月から教育研修会を月例化することにしました。毎月第3金曜日10時の開催とします。
教育研修会は原則として全員出席となっておりますので、よろしくお願いします。来月のテーマは、「ファシリティーマネジメント関連商品の市場分析」です。講師は、太田第3営業部長を予定しています。今後、教育研修会のテーマは、商品関連の話題だけではなく、ウェブ時代のマーケティング手法など広範囲なものを考えています。テーマに関して、何か希望があればお知らせください。

件名：教育研修会開催の月例化

販売促進部の教育研修会は、今まで不定期で開催してきました。しかし、このところ新製品が相次いで販売されているため、教育研修会を月例にしてはどうかという声が高まってきました。

そこで、来月から教育研修会を月例化することにしました。毎月第3金曜日10時の開催とします。教育研修会は原則として全員出席となっておりますので、よろしくお願いします。

来月のテーマは、「ファシリティーマネジメント関連商品の市場分析」です。講師は、太田第3営業部長を予定しています。

今後、教育研修会のテーマは、商品関連の話題だけではなく、ウェブ時代のマーケティング手法など広範囲なものを考えています。テーマに関して、何か希望があればお知らせください。

電子メールでは、1つの段落を小さくし、文の数を多くしすぎないように気を付けます。多くの文で構成された大きな段落は画面上では読みにくくなります。

STEP 2 電子メールの文例とポイント

電子メールは、社内外との連絡など、ビジネスの場で広く利用されています。ここでは、社内向け電子メールと社外向け電子メールに分けてさまざまな文例と表現のポイント、留意点を解説します。

1 社内向け電子メール

電子メールは、社内の連絡や報告、相談などに、便利かつスピーディに使えるコミュニケーションツールです。同時に多数の人に発信できるとか、簡単に転送できるとか、参考までに送るCC機能（紙の文書の「（写）」に相当）で関係する人に伝えることができるというように、優れた特長があります。その特長を生かすことで、仕事の効率を上げることができます。

❶ 社内向け電子メールの特徴

社内向け電子メールは仕事の効率優先で考えます。直接の会話や電話、電子メールなどのコミュニケーション手段の中で、そのときの状況に最も合ったものが使われます。

同一部門内では、連絡と情報共有、週報、月報、報告、他部門から送られた電子メールの転送などが、電子メールの主な利用範囲になります。

社内では、ほかの部門に対する連絡にも電子メールは積極的に使われています。大勢の人に送る業務連絡にも、使われています。

社内

②効率優先のメール文

メール文では、「業務部　斉藤様」のように宛名を最初に記入します。宛名の敬称は、「様」が一般的です。肩書きが必要なときは、「経理部長　上田様」「上田経理部長」のようにします。「上田経理部長様」のように、肩書きのあとに「様」を入れるのは不自然です。同一部門であれば、部門名は省略します。

あるグループや部門の全員に宛てて送信するときは、「販売推進プロジェクトメンバー各位」「資材管理部員各位」のように「各位」を付けます。

宛名に続いて、発信者名を「マーケティング室の中村です」のように入れます。電子メールをやり取りする関係者が限定されていて入れる必要がない場合は別として、部門名も入れるのが基本です。

社内向け電子メールの場合、自分を名乗ったらすぐ用件に入っていきます。
挨拶を入れたとしても、「お疲れ様です」といった短いものにします。

社内向け電子メールは、一般に次のように構成します。この例では、「よろしくお願いします」という末文を入れています。単に用件を伝えるだけの社内向け電子メールでは、末文を省略することもあります。

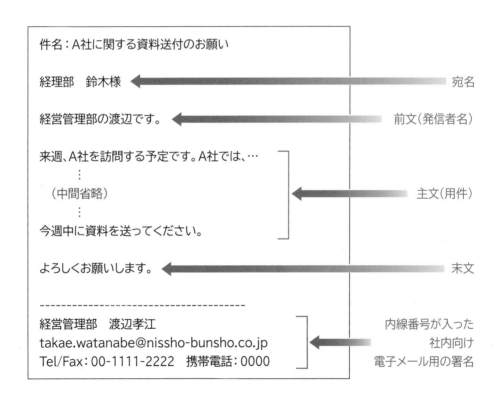

件名：A社に関する資料送付のお願い

経理部　鈴木様　　←　宛名

経営管理部の渡辺です。　←　前文（発信者名）

来週、A社を訪問する予定です。A社では、…
　　　⋮
　（中間省略）
　　　⋮
今週中に資料を送ってください。　←　主文（用件）

よろしくお願いします。　←　末文

- -
経営管理部　渡辺孝江
takae.watanabe@nissho-bunsho.co.jp
Tel/Fax：00-1111-2222　携帯電話：0000　←　内線番号が入った社内向け電子メール用の署名

第1章
第2章
第3章
第4章
第5章
第6章
第7章
第8章
模擬試験
付録
索引

❸ 社内向け電子メールの文例

社内向け電子メールの文例とポイントを示します。

●案内のメール文

案内のメール文では、次の点に注意します。

- 件名は端的に簡潔に示す。
- 送信部門の責任者名を使って送信していても実際の担当者が別にいるときは、次の
  ページの文例のように発信者名に部長名を使い、担当者名は別に示す。
- 次のページの文例は、宛名に「To:」、発信者名に「From:」を使っているが、宛名と発
  信者名の表現方法のひとつにこのような書き方がある。
- 知らせる内容は「5W1H」で確認しながら、箇条書きでわかりやすく漏れなく伝える。
- 日にちには曜日をカッコ内に入れ、時間は24時間制で示す。
- 発信日付は記載しなくても、メールの送信日付でわかるので、省略する。

案内メール文の例を、次に示します。

件名：定期健康診断のお知らせ

To: ライン部長各位
From: 総務部長　多田二郎（担当：坂本恵美）

定期健康診断を、下記のように実施します。
健康に働くことは、社員にも家族にとっても何より大切です。100％の受診率を目指して、部内への周知徹底をお願いします。

1. 期日：4月19日（月）
　　　　　10:00 〜 12:00　　本館、A棟、B棟の女子社員
　　　　　13:00 〜 15:00　　本館の男子社員
　　　　　15:00 〜 17:00　　A棟、B棟の男子社員
2. 場所：別館1階の診療センター
3. 実施項目：身体計測、血圧測定、視力検査、眼圧、聴力検査、心電図検査、
　　　　　　尿検査、胸部X線撮影
4. その他
　・問診表に必要事項を記入し、当日持参してください。
　・当日受診できない方は、担当の坂本（内線：111）まで連絡をお願いします。

==
坂本恵美　E-mail: emi.sakamoto@nissho-bunsho.co.jp
総務部厚生係 内線：111

上記の案内メール文は、次のページの例のように、紙の連絡文書と同じようなフォーマットで書くこともできます。紙は周辺にほぼ均等のマージン（余白）があってこのフォーマットが最も整って見えるため定着していますが、マージンの概念がない電子メールでは紙のような効果は見込めません。無理に、紙のフォーマットに当てはめなくてもよいでしょう。

第1章
第2章
第3章
第4章
第5章
第6章
第7章
第8章
模擬試験
付録
索引

件名：定期健康診断のお知らせ

ライン部長各位

　　　　　　　　　　　　　　　　　　　　　総務部長　多田二郎

定期健康診断を、下記のように実施します。
健康に働くことは、社員にも家族にとっても何より大切です。100%の受診率を目指して、全員への周知徹底をお願いします。

　　　　　　　　　　　　　　　　記

1. 期日：4月19日（月）
　　　　　　10:00 ～ 12:00　　本館、A棟、B棟の女子社員
　　　　　　13:00 ～ 15:00　　本館の男子社員
　　　　　　15:00 ～ 17:00　　A棟、B棟の男子社員
2. 場所：別館1階の診療センター
3. 実施項目：身体計測、血圧測定、視力検査、眼圧、聴力検査、心電図検査、
　　　　　　　尿検査、胸部X線撮影
4. その他
　　・問診表に必要事項を記入し、当日持参してください。
　　・当日受診できない方は、担当の坂本（内線：111）まで連絡をお願いします。

　　　　　　　　　　　　　　　　　　　　　　　　　　　　　以上

　　　　　　　　　　　　　担当：総務部厚生係　坂本恵美（内線：111）

===
坂本恵美　E-mail: emi.sakamoto@nissho-bunsho.co.jp
総務部厚生係 内線：111

次の例も、社内向けの通知メール文です。項目が多いので、箇条書きに分類したうえで小見出しを付けてわかりやすくしています。
そろえ方は左基準にしています。

件名：年末の整理整頓のお願い

総務部業務連絡第06-0401
To: ライン部長各位
CC: 安全衛生委員会メンバー各位
From: 総務センター長　岡本泰男

今年も仕事納めが近づいてきました。机周りの整理とともに、ファイルや共有物の整理を実施してください。
情報セキュリティーの観点からも、徹底するようお願いします。

【整理】
●キャビネットの整理
・不要な書類が置かれていないか
・保存期間を過ぎた書類や資料が保管されたままになっていないか

●机周りの整理
・机の上に不要なものを置いたままにしていないか
・机の下に物を置いていないか
・引き出しの鍵を適切にかけているか

●共有スペースの整理
・共有キャビネット内が整理されているか
・通路に資料や私物が置かれていないか

【整頓】
●資料棚の整理
・資料の書籍や雑誌が整理されているか
・保管期限を過ぎた雑誌や新聞が適切に廃棄されているか

（以下、省略）

第1章
第2章
第3章
第4章
第5章
第6章
第7章
第8章
模擬試験
付録
索引

●報告のメール文

報告のメール文では、次の点に注意して書きます。

● 要点を箇条書きにして簡潔に示す。

● 報告書の提出先を考えながら記述する。概要が伝わればよいのか、仕事に直結する具体的な内容が含まれていたほうがよいのかなどを考えて書く。

● まえがきと報告の部分を明確に分けるとわかりやすい。

● 報告すべき内容は漏らさず記述するように気を付ける。

● 内容の紹介だけではなく、どのような点が役にたったのか、今後仕事にどう生かせるのかなどを具体的に記述する。

● 意見（私見）は、「所感」の見出しを設けるなどして、事実と分けて書く。

報告のメール文の例を、次に示します。

件名：先端経営セミナー参加報告

グループリーダー各位

調査グループの藤田です。

第3回先端経営セミナー「ナレッジマネジメントの実際」に参加しました。
以下のとおりに報告します。

日　時：2021年2月10日(水) 15:00 〜 17:00
場　所：先端経営協議会セミナールーム
テーマ：「ナレッジマネジメントの実際」
講　師：経営コンサルタント 吉岡史門氏
主　催：先端経営協議会

●セミナーの概要
ナレッジマネジメントは、個人のノウハウやスキル、情報を組織全体で共有し活用することによって企業の価値を高めようとする経営手法である。現在、多くの〜
　（中間省略）

●所感
ナレッジマネジメントの適用範囲は広い。ナレッジマネジメントに取り組む目的も、商品開発、品質向上、顧客満足度向上など、さまざまである。当社でも、営業を中心にナレッジマネジメントを導入できる分野は多いと思われる。ワーキンググループを作って取り組み方に対する具体的な検討を始めるべきである。

　※当日の配付資料をグループ共有フォルダーの「セミナー受講フォルダー」に入れておきました。

第1章
第2章
第3章
第4章
第5章
第6章
第7章
第8章
模擬試験
付録
索引

●議事録のメール文

議事録のメール文では、次の点に注意して書きます。

- 議事録は、会議の内容を簡潔に整理して記録として残すことが目的である。その目的に沿った内容、書き方にする。
- 証拠として残るものなので、正確で客観的でなければならない。
- 不正確と思える部分は出席者に確かめて、間違いを修正する。
- 決定事項、保留事項を明確に分けて示す。
- 保留事項は、誰がいつまでに何をやるのかを明確に示す。
- 配付資料があった場合は、その内容を示す。あるいは配付資料を参照したいときはどうするかを示す。
- 議事録の記録者も記述する。

議事録のメール文の例を、次に示します。

件名：【働き方改革PJ】第8回プロジェクト会議　議事録

働き方改革プロジェクトメンバー各位

総務部　森田です。
標記議事録を、以下のとおりまとめました。内容をご確認ください。

●開催概要
　日時：2021年1月13日（水）10:00～11:30
　場所：別館5階会議室B
　出席者（敬称略）：総務部 山田課長、人事部 小川課長、総務部業務課 石本、多田、
　　　　　　　　　　　杉本、植木、森田（記録）

●議事概要
　社内アンケートの内容と実施の確認

●決定事項
・アンケートはクラウドフォームを使って実施する。
・実施期間は1月25日～29日。対象は全社員。
・質問と回答を検討し、別紙資料のようにまとめた。

●確認事項
・クラウドフォームを使いテスト版を1月18日までに作成する。（担当：杉本）
・各自回答し、気づいた点を杉本まで連絡する。

●配布資料
・アンケート設問と回答
======================
総務部　業務課
森田　香織
TEL：xxx-xxx-xxxx　内線：XXXX
======================

第1章
第2章
第3章
第4章
第5章
第6章
第7章
第8章
模擬試験
付録
索引

2　社外向け電子メール

社外とも、コミュニケーションツールとして電子メールが使われています。通知、連絡、案内、御礼、催促、問い合わせ、回答、依頼、相談、お祝い、お詫び、苦情などの用途で、広く使われています。あらたまった挨拶や会社を代表するような重要な文書にも電子メールが使われることが多くなっています。

社外メールでは、社外文書と同様に、社内向けとは異なった気配りが必要になります。

❶ 社外向け電子メールの特徴

会社から発信した電子メールを受け取った人は、個人からの電子メールではなく、「〇〇会社の〇〇さん」からの電子メールを受け取ったという認識を持つことを忘れてはなりません。あくまでも会社の一員としての情報発信です。そのメール文の言葉づかいに問題があったり非常識な内容だったりすると、相手は個人に対してだけでなく会社に対しても悪い印象を持つ可能性があります。

❷ 失礼にならないメール文

社外向け電子メールの場合も、メール文の最初に宛名と前文が入ります。

宛名には、会社名も入れます。

次の例は、日商ネット株式会社の木村さんからXYZ企画株式会社の宮本さんに宛てた社外向け電子メールです。

宛名には、このように正式な会社名と氏名（名字と名前）を記入します。肩書きがあるときは、それも入れるのが基本です。敬称は、「様」が一般的です。肩書きが入るときは、「**教育部長　高田朋美様**」のようにします。日常的に電子メールのやり取りをしているような相手に対しては「**教育部長　高田様**」と、名字だけにすることもあります。なお、「**高田教育部長**」のように「長」のあとに何も付けないのは、社外に対しては失礼になります。

団体や組織宛ての場合は、「〇〇委員会御中」のように、「御中」を付けます。
「〇〇委員会メンバー各位」という表現もあります。敬称の付け方は、基本的に紙の文書
と同じです。次の例のように、宛名に続いて「日商ネット株式会社の木村貴史です」のよう
に自分を名乗ります。

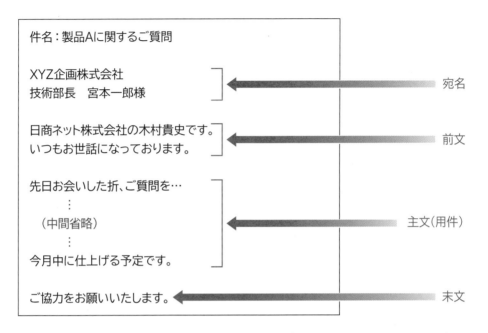

自分を名乗ったあと、「いつもお世話になり、ありがとうございます」のような挨拶文を入
れます。社内向け電子メールでは省略しても、社外向け電子メールでは、このように簡単
な挨拶文を入れましょう。

次のような挨拶文の中から、その場に応じた適切なものを使います。
手紙文の「拝啓　陽春の候、貴社ますますご隆昌のこととお喜び申し上げます」のような
前文は不要です。

- いつもお世話になっております。
- 平素よりお世話になっております。
- いつもお世話になり、ありがとうございます。
- 平素よりお世話になりまして、誠にありがとうございます。
- ご無沙汰しております。
- 先日は、失礼いたしました。
- この度は、〜くださいましてありがとうございました。
- お忙しいところ失礼いたします。
- 平素は格別のご愛顧を賜り、厚く御礼申し上げます。

第1章
第2章
第3章
第4章
第5章
第6章
第7章
第8章
模擬試験
付録
索引

用件を書いたメール文の主文のあとには、「ご協力をお願いいたします」のような末文を入れます。「敬具」「草々」のような手紙文特有の表現は不要です。

次のような末文で簡潔に結びます。

- よろしくお願いいたします。
- よろしくお願いします。
- 以上、お知らせいたします。
- まずは、ご報告まで。
- 取り急ぎ、ご報告申し上げます。
- 取り急ぎ御礼まで。
- 用件のみにて失礼いたします。
- まずは、お返事申し上げます。
- 以上、ご回答申し上げます。
- 今後とも、よろしくお引き立てのほどお願い申し上げます。

メール文の最後に入る署名は、社外用と社内用を使い分けます。社外用の署名には、会社名を必ず入れます。電話で連絡することも考えて、電話番号や携帯電話の番号も入れておきます。必要に応じて、会社のホームページのURLや住所なども入れるとよいでしょう。

❸ 社外向け電子メールの文例

社外向け電子メールの文例とポイントを示します。

●通知のメール文

通知のメール文は、件名は具体的に示し、本文は用件だけでなく、誠意を持って対応している気持ちが伝わるように丁寧な書き方にします。

通知のメール文の例を、次に示します。

件名：【ご挨拶】御社担当者が交代いたします

○○株式会社　購買課長　星野正様

○○技研の杉山和人です。

いつもたいへんお世話になっております。
さて、御社を担当させていただいておりました佐藤優子は、この度名古屋支店に異動することになりました。

つきましては、4月1日から河田幸一が後任担当者として佐藤に代わって御社のご用命を承ることになりましたので、前任者同様お引き立てを賜わりますよう、よろしくお願い申し上げます。

なお、近々本人を連れてご挨拶にお伺いいたします。

●案内のメール文

案内のメール文では、具体的な内容を漏れなく伝えるようにします。
案内のメール文の例を、次に示します。

件名：事務所移転のご案内

○○サービス株式会社　代表取締役　山口真一様

○○研究所の佐々木恵理です。

平素はたいへんお世話になっております。

このほど、弊社武蔵野支店は業容拡大に伴い、下記のとおり新宿区高田馬場に移転し、4月1日より営業を開始することになりました。

事務所は、JR高田馬場駅から徒歩3分です。お近くにおいでの節は、ぜひお立ち寄りください。

まずは、事務所移転のお知らせまで。

新住所：〒169-0075 東京都新宿区高田馬場1-45-1　笹田ビル1階
TEL：00-0000-0001
FAX：00-0000-0002

　※3月30日までは現住所で営業しております。

第1章
第2章
第3章
第4章
第5章
第6章
第7章
第8章
模擬試験
付録
索引

交代
後任
誠意を持って…
丁寧に…

●問い合わせのメール文

問い合わせのメール文の例を、次に示します。

件名：会社説明会の参加申し込み

株式会社○○
人事部　清水一郎様

先日、会社案内資料のご送付をお願いしました○○大学○○学部○○学科の須田公子
です。

本日、会社案内を頂戴いたしました。
ご多忙の折、早々にお送りいただきまして誠にありがとうございました。
さっそく拝読し、ぜひとも入社させていただきたいという思いをいっそう強くいたしました。

つきましては、入社案内にありました○月○日○時からの御社説明会に参加させていた
だきたく、ここにお申し込みいたします。

もし、ご都合が悪い場合は、ご連絡いただけましたら幸いです。
どうかよろしくお願いいたします。

==
須田公子　○○大学　○○学部　○○学科
［自宅住所］〒244-0801 神奈川県横浜市戸塚区品濃町000-1
　　　　　　TEL 090-800-0000
==

● 御礼のメール文

御礼のメールは、できるだけ早く出すようにします。御礼のメール文の例を、次に示します。

> 件名：電子決済サービスに関するご意見についての御礼
>
> ○○株式会社　中田一郎様
>
> ○○の渡辺です。
>
> 本日は、お忙しい中お時間を割いていただき、電子決済サービスに関する貴重なご意見をいただきましてありがとうございました。
>
> 弊社としましても時代の流れをリードし、便利にお使いいただけるような企画やサービスに、さらなる努力をしていく所存です。
> 御社のノウハウやビジネスサポートが必要になると思っております。その節は、ぜひご協力を賜りたくお願い申し上げます。
>
> まずは、取り急ぎ御礼まで。
>
> --
> 　渡辺桃子　　○○株式会社　企画調査部
> 　　　　　　　E-mail:momoko.watanabe@nissho-bunsho.co.jp
> 　　　　　　　Tel:(00) 1111-0000　Fax:(00) 1111-0001

● 依頼のメール文

依頼は丁寧な表現で誠意を示すことが大事です。依頼のメール文の例を、次に示します。

> 件名：講演のお願い
>
> ○○大学　河合先生
>
> ○○の今井と申します。
>
> 突然のメールを差し上げますご無礼をお許しください。
> セミナーの講師のお願いのメールでございます。
>
> 私は、ドキュメントコミュニケーション協会　運営委員を担当しております。
> 私どもの協会では、毎年、4月に3日間に渡るシンポジウムを開催しております。
> シンポジウムでは、有識者の方々によるご講演を予定しており、ドキュメント管理の
> セキュリティーに関するご講演を、河合先生にぜひ、お願いしたく考えております。
>
> ご講演時間は1時間です。薄謝で恐縮ですが、協会規定の謝礼と交通費をご用意いたします。詳細につきましては、別途お打ち合わせをさせていただく機会を賜りたく存じます。
>
> たいへんぶしつけで恐縮ですが、ご検討賜れば幸いです。お返事をお待ち申し上げております。
>
> （署名省略）

第1章
第2章
第3章
第4章
第5章
第6章
第7章
第8章
模擬試験
付録
索引

知識科目

■ **問題 1**　電子メールで議事録を送るとき、適切な件名はどれですか。次の中から選びなさい。

　　1　安全衛生委員会が来年度の活動について記録した会議に関する議事録

　　2　委員会議事録

　　3　安全衛生委員会（2021年1月26日）議事録

■ **問題 2**　段落が全くないメール文を書いたところ、上司から不備を指摘されました。段落を設ける場合、どんな方法が適切ですか。次の中から選びなさい。

　　1　段落間は空けないで、段落の最初を1字分空ける。

　　2　段落間を1行空ける。

　　3　改行はするが、段落間は空けない。

■ **問題 3**　社内向け電子メールの前文と末文の考え方で、最も適切なものを次の中から選びなさい。

　　1　簡潔な前文、末文を入れてもよい。

　　2　手紙文に準じた前文、末文を入れる。

　　3　前文、末文を入れてはならない。

■ **問題 4**　電子メールの署名に対する考え方として、適切なものはどれですか。次の中から選びなさい。

　　1　社内用と社外用を使い分けるのがよい。

　　2　社内用として作ったものを社外用としても使うのがよい。

　　3　署名はなくても問題ないので省略するのがよい。

■ **問題 5**　社外向け電子メールの宛名の表現について基本的な考え方を述べたものとして、適切なものはどれですか。次の中から選びなさい。

　　1　省略してもよい。

　　2　宛名については紙のビジネス文書に準じた表現にする。

　　3　会社名や部門名は省略し、氏名だけを記入する。

Chapter

4

第4章
ビジネス図解の基本

図解とは

ビジネス文書の中に、さまざまな種類の図やグラフが使われることが多くなってきました。これらの図解は、提案書やプレゼンテーション資料には以前から使われてきましたが、最近は連絡文書などのビジネス文書にも使われるようになっています。

その背景には、図解が情報を伝えるための有効な方法であることが認識されてきたことと、文書がPC（パソコン）で作られるためソフトの描画ツールを使って簡単に描くことができるようになったことがあります。ビジネス文書を作るうえで、図解作成の基本技術を身に付けておきましょう。

1　図解の種類と特長

ビジネス文書で使われる図解には、次のような種類があります。

- 座標軸を使った図解
- マトリックス型図解
- フローチャート
- 組織図
- プロセス図
- スケジュール管理図
- グラフ
- その他いろいろな図形を使った概念図など

これらの図解をうまく使うと、文章だけでは伝えにくい内容をわかりやすく伝えられるようになります。相対的な位置付けを示したいときや複雑な仕組みを伝えたいときに、図解は特に有効です。

図解の特長を整理すると、次のようになります。

- 全体像が素早く伝わる。
- 文章だけではわかりにくい内容を表現できる。
- 相互に複雑に絡み合う関係・構造を整理して示せる。
- 重要ポイントを要約して伝えられる。
- 紙面に変化を与え、注意を引くことができる。
- 文書の内容を印象付けられる。
- 興味を持たせることができる。

2 ビジネス文書における図解の利用

図解の特長を生かせる内容のときは、積極的に図解を使うのがよいでしょう。図解を使えば瞬時に伝わるような内容を、長い文章で伝えるのは時間の無駄です。

図解が効果的な場合であっても、全部は伝えきれないこともあります。そのようなときは、文章で補足説明をします。

図4.1は、社内連絡文書の図解例です。この組織図を文章だけで表現したとしたら、読み手は頭の中に組織図が浮かび上がるまでに時間がかかります。図解の特長を生かしている例です。

■図4.1　社内連絡文書の中に使われた図解例

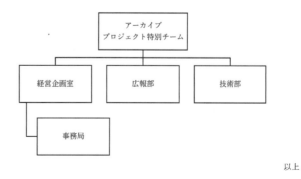

経営企画業務連絡 21-03003 号
2021 年 3 月 4 日

取締役・監査役・事業部長各位

経営企画室長　大和田香

日商自動車アーカイブプロジェクト発足のお知らせ

　日商自動車では、創業 100 周年記念事業の一環として、自動車の技術開発と弊社の歴史を整理し、デジタルデータとして活用するための「日商自動車アーカイブプロジェクト」を発足します。下記のとおり、今後の活動をお知らせいたします。

記

1.　プロジェクト名称「日商自動車アーカイブプロジェクト
　　　　　　　　　　　（Nissho Automobile Archive Project）」
2.　発足日：2021 年 4 月 1 日
3.　発足の趣旨
　　「人の移動」を通して社会に貢献してきた、弊社のこれまでの歩みを整理し、情報発信するために、各種資料をデジタルアーカイブする。社内にあるさまざまな資料を整理し、新たなコンテンツを制作し、発信していく。
4.　活動内容
　　主に次のような活動を行う。
　　(1) 情報の収集と整理
　　(2) デジタル化とデータ分析
　　(3) サイトでの発信とコンテンツ制作
5.　プロジェクト体制

```
           アーカイブ
        プロジェクト特別チーム
    ┌──────────┼──────────┐
  経営企画室      広報部       技術部
    │
  事務局
```

以上

図解の基本パターン

図解には、次に示すようないくつかのパターンがあります。代表的なパターンを知っていると、適切な形の図解を効率よく作ることができます。

1　座標軸を使った図解

「座標軸を使った図解」とは、「大きい」「小さい」、「多い」「少ない」、「高い」「低い」など、対極にある言葉を軸の両端に付けた縦軸と横軸で座標平面を作り、その平面上に定量的な情報を持つ要素を示したものです。そうすることで、各要素の位置付けや相互の関係を明確に示すことができます。座標軸を使った図解は、比較的簡単に作れる割に効果が大きいのが特長です。

図4.2は、縦軸に「受け手への到達時間の速さ」、横軸に「受け手の人数の多さ」をとり、各メディアの位置付けを示した図解です。こうすることで、各メディアの特質を浮き彫りにしたりメディアの空白地帯を見つけたりすることができます。

■図4.2　座標軸を使った図解

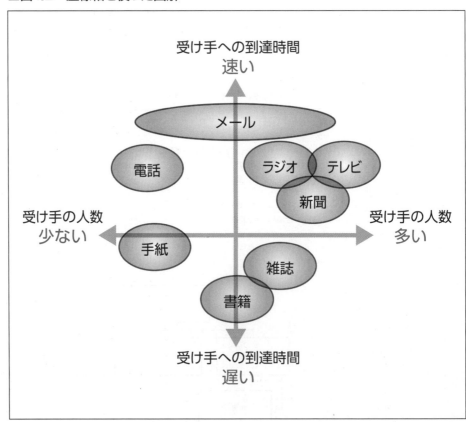

2　マトリックス型図解

縦軸・横軸を2分割して4つのマス目（象限）を作って、そのマス目にキーワードなどを配置したのが「マトリックス型図解」です。軸を3分割して9つのマス目を作ることもあります。こうすることで、個々の要素の全体の中での位置付けや傾向が明確になり、現状の認識や今後の対策の検討に役立ちます。

図4.3は、「市場の魅力度」と「事業成功の可能性」をそれぞれ大小に分けて作った4つのマス目に、現在進めている複数の研究開発プロジェクトを当てはめた図解です。このような図解を使うと、「最優先自社開発」のマス目に入ったプロジェクトに重点的に取り組めばよいというような分析に活用できます。

■図4.3　マトリックス型図解

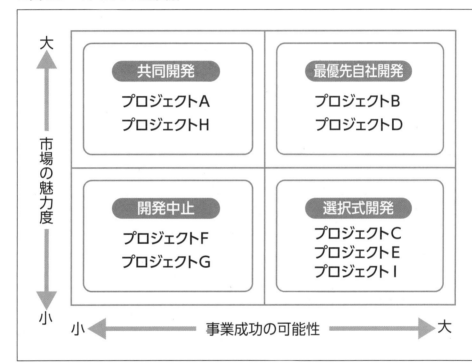

3　フローチャート

作業の手順や業務の流れを、長方形やひし形を使って示したのが「フローチャート」です。
図4.4のように、全体の流れと個々の作業を明確に示すことができます。一般的に、作業
の要素は長方形を使い、検査や判断のような作業のときはひし形を使います。

■図4.4　フローチャート

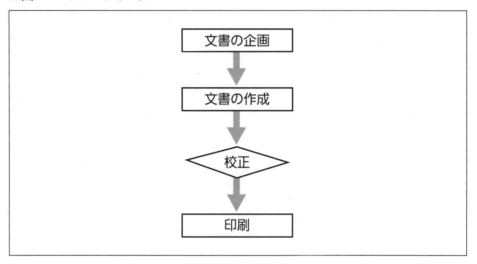

4　組織図

会社や団体を構成する個々の組織とその相互の関係を図示したのが「組織図」です。
図4.5のように、一目で組織名や相互の関係がわかります。

■図4.5　組織図

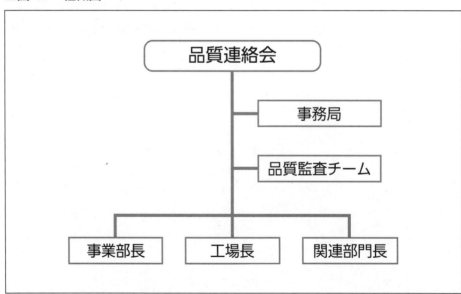

5　プロセス図

いくつかのステップを経て完結するような仕事は、「プロセス図」で示すと整理された形で表現できます。

図4.6のような内容は、箇条書きや表で表現するよりも、プロセス図を使ったほうが伝わりやすく、より訴える力が大きい図になります。

■図4.6　プロセス図

6　スケジュール管理図

時間軸を横軸にとり、作業ごとの必要時間を示したものが「スケジュール管理図」です。「ガントチャート」ともいいます。時間の流れは、左から右への方向とします。

図4.7は単純なスケジュール管理図です。ここに、各作業項目に対する計画と実績を上下に重ねて示すと、計画と実作業のずれを確認しながらスケジュール管理ができます。

■図4.7　スケジュール管理図

項目	担当	4月第1週	4月第2週	4月第3週	4月第4週
調査項目検討	鈴木	███			
調査票作成	山崎		███		
アンケート実施	内田			███	
アンケート分析	原田				███

STEP 3 図解の作成方法

図解の作成手順を知っていると、効率よく図解を作り利用することができます。また、さまざまな図解要素とその組み合わせ方を理解していると、図解表現の幅が広がります。

1 図解の作成手順

作成する図解のパターンが最初から決まっているときは、そのパターンを使って図解を作成すればよいのですが、パターンがわからないときは、次のような手順で図解を作成します。

① テーマと目的を明確にする

図解として取り上げたいテーマと図解の目的を明確にします。誰に何を伝えたいのか、その結果どうしてほしいのかをはっきりさせます。

② キーワードを抜き出す

テーマと目的に沿って頭の中で考えていることを、文字にして書き出します。キーワードを抽出する作業と考えることができます。

③ パターンを決めて図解する

テーマと目的、キーワードを眺めて、どのようなパターンの図解にするのがよいかを検討します。次ページの図解要素の組み合わせも参考にします。キーワードが多いときは、キーワードをいくつかのグループに分類して、グループ間の関係を考えながら整理する方法もあります。

④ 全体の形を整える

図解全体の形を整えて完成させます。

テーマと 目的を明確に	キーワードを 抜き出す	図解のパターン を決め図解する	全体の 形を整える

2 | 図解要素の組み合わせ

図解の要素には、円や三角形、四角形、矢印などさまざまなものがあります。図解を作成するときは、これらの図形から最適なパターンを見つけ出します。

●円

円には、図4.8のような形があります。

■図4.8　円の形

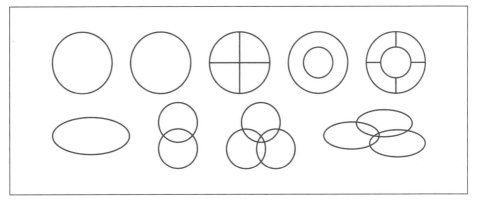

●三角形

三角形には、図4.9のような形があります。

■図4.9　三角形の形

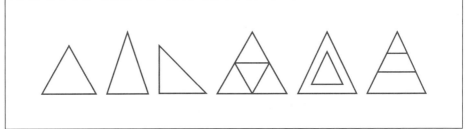

●四角形

四角形には、図4.10のような形があります。

■図4.10　四角形の形

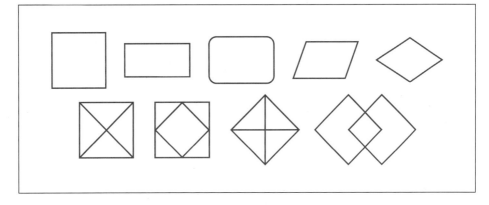

●矢印

矢印には、図4.11のような形があります。

■図4.11　矢印の形

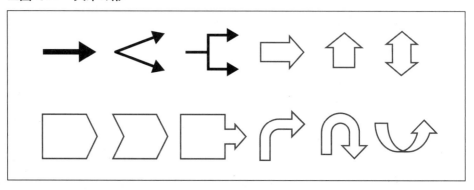

●円、三角形、四角形、矢印の組み合わせ

円、三角形、四角形、矢印を組み合わせると、図4.12のようにさまざまな図解表現ができます。自由な発想で基本図形を組み合わせれば、最適な図解が描けます。

■図4.12　円、三角形、四角形、矢印の組み合わせ

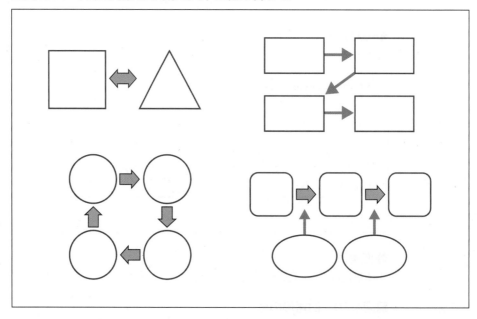

グラフの利用

数値の大小や割合を直感的に理解できるようにするためには、グラフが適しています。グラフにすれば、数値を並べただけの表ではわかりにくい状況や傾向を一目で理解できます。PCの表計算ソフトや描画ツールを使えば、各種のグラフを簡単な操作で作ることができます。

1 グラフの種類

グラフにはさまざまな種類があるので、次のように目的に合ったものを選択します。グラフの種類が適切でないと、効果は半減します。

● 時間に対する連続的な変化や傾向を表すとき
折れ線グラフ、棒グラフ

● 各項目の大きさ・量を比較するとき
棒グラフ

● 構成比率を示すとき
円グラフ、100%積み上げ面グラフ、100%積み上げ棒グラフ

● 全体に対する比較をしたいとき
100%積み上げ面グラフ、100%積み上げ棒グラフ

● 相関関係を示したいとき
散布図

第1章
第2章
第3章
第4章
第5章
第6章
第7章
第8章
模擬試験
付録
索引

■図4.13　グラフの種類

■縦棒グラフ
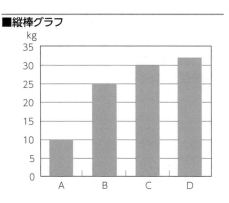

■横棒グラフ
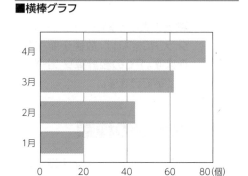

■100%積み上げ横棒グラフ
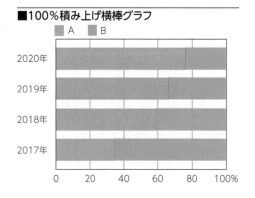

■折れ線グラフ
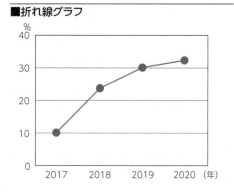

■100%積み上げ面グラフ
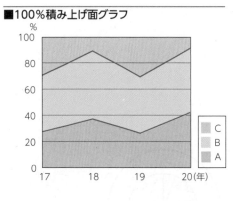

■円グラフ
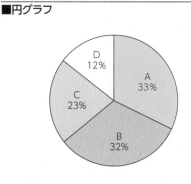

■散布図
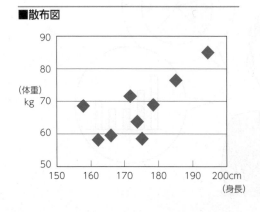

グラフは用途と目的によって、一部を強調したり一部を省略したりして使うことがあります。
図4.14は、円グラフの一部（項目「A」）を切り出して強調した例です。
図4.15は、折れ線グラフの各年の違いを強調するために、軸の目盛りの一部（50%未満）を省略した例です。

■図4.14　グラフの一部強調

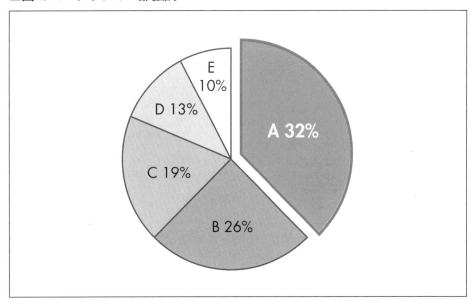

■図4.15　折れ線グラフの目盛りの一部省略

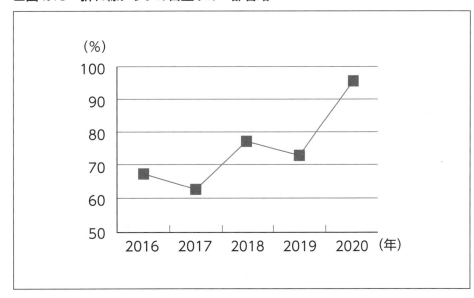

知識科目

■ **問題 1** いくつかのステップを経て完成する仕事を図解するように指示されました。どの図解が適切ですか。次の中から選びなさい。

1 マトリックス型図解

2 スケジュール管理図

3 プロセス図

- -

■ **問題 2** 文書の中にフローチャートを使った図解を入れたところ、フローチャートの中のひし形の意味を問われました。どう答えればよいですか。次の中から選びなさい。

1 変化を出すために使用

2 時間がかかる作業であることを示すために使用

3 チェックなど判断を伴う作業に使用

- -

■ **問題 3** 構成比をグラフを使って表現したいとき、最も適切なグラフの種類はどれですか。次の中から選びなさい。

1 円グラフ

2 棒グラフ

3 折れ線グラフ

- -

■ **問題 4** 時間の流れを示したいとき、時間軸をとる方向として適切なものはどれですか。次の中から選びなさい。

1 どの方向でもよい。

2 右から左への方向が適切である。

3 左から右への方向が適切である。

- -

■ **問題 5** 下図の円グラフは、円の一部を切り出しています。何のために切り出しているのか、その理由を次の中から選びなさい。

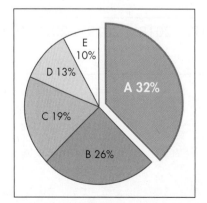

1 国内と海外のように、2つの領域に分けるため

2 変化を付けるため

3 強調するため

第5章
ビジネス文書の管理

文書管理の基本

文書管理には、紙の文書の管理とPC（パソコン）で作成して電子データとして扱う文書（電子文書）の管理があり、管理方法は異なります。この章では、電子文書の管理について説明します。

1 PCによる文書作成

ビジネスの場では、日々さまざまな文書が、PCを使って作られ利用されています。これらの電子文書には、次のようなメリットがあります。

- データの複写、修正、並べ替えなどの編集が自由にできる。
- データの検索が高速に行える。
- 可搬性に優れている。
- 伝達が迅速に行える。
- 同時送信によって、配付の手間が低減できる。
- 作成した文書は電子メールで配信したり、データを共有サーバーに置いて閲覧したりすることができるため、伝達コストが削減できる。
- セキュリティーを設定できる。
- データの再利用によって、類似文書の作成と利用が効率よくできる。
- 紙の文書を保管するときのスペースが不要になり、保存コストが削減できる。

2 データの管理

作成した文書のデータは、個人のPCのフォルダーに格納したり、会社や部門の共有サーバーに格納したりすることで管理されます。そのほかに、クラウドコンピューティングと呼ばれる、インターネットを利用したデータ管理を活用することもあります。文書管理の仕方に問題があると、過去に作成した文書を参照したいときや再利用したいときに探すのに時間がかかり、見つけ出せないといった、手間がかかります。再利用が可能な似たような文書があってもそれに気付かず、時間を費やして新規に作ってしまうことにつながります。このような問題を回避するためには、データの管理の仕方に工夫が求められます。

データの管理には、データを個人でどう管理していくかという問題と、1つの会社あるいは部門で、必要な文書を必要なときに利用できるように、データをその組織の共有物としてどのようなルールで整理し保管していくかの2つの課題があります。

次のページのフォルダーによるデータの管理方法は、個人による管理にも組織による管理にも共通に適用できます。組織の場合は多数の人が利用するため、より慎重に管理の仕方を考え、運用する必要があります。

第1章

第2章

第3章

第4章

第5章

第6章

第7章

第8章

模擬試験

付録

索引

3 フォルダーによるデータの管理

フォルダーによるデータの管理では、フォルダー名・ファイル名の付け方や分類の仕方、階層の設け方などに留意しましょう。

❶ フォルダー名、ファイル名の付け方

PCで作成した文書は1つのファイルとしてまとめられ、ファイル名が付きます。文書を再利用したときは、元の文書とは異なるファイル名を付けます。このようにして作成したファイルを、いくつかのグループに分けてフォルダーと呼ばれるファイルの入れ物にまとめて格納します。こうすることで、管理や検索がしやすくなり、またPCが故障した場合の控えとなるバックアップファイルも作りやすくなります。

フォルダーやファイルに名前を付けるときは、検索しやすく、わかりやすい名前にします。一度決めたルールを徹底し、継続して使っていきます。

❷ フォルダーの分類

フォルダーは、わかりやすいように分類し、フォルダー名を付けて利用します。
分類の仕方には、次のようなものがあります。

- テーマやプロジェクトによる分類
- 固有名詞による分類
- 時系列による分類
- 文書の種類による分類

●テーマやプロジェクトによる分類

どのようなテーマについて書かれているかによって分類します。たとえば会社の人事部であれば、新人採用に関して「募集」「採用」「研修」「配属」のように分類してフォルダー名を付ける方法です。「新サービス開発プロジェクト」のように、プロジェクトごとに管理する方法もあります。

●固有名詞による分類

「組織名」「商品名」「顧客名」「地区名」など、特定の固有名詞で分類して、フォルダー名を付ける方法です。

●時系列による分類

「年度」「月」などの時系列で分類してフォルダー名を付ける方法です。定期的に発行する文書のフォルダー名によく使われます。

●文書の種類による分類

「通達書」「連絡書」「報告書」「提案書」「プレゼン資料」など、文書の種類で分類してフォルダー名を付ける方法です。

❸ フォルダーの階層

フォルダーには、通常、階層を設けます。ただし、階層は深くしすぎるとかえってわかりにくくなるので、3階層程度にとどめます。

フォルダーの体系を考えるときは、前述の4種類の分類方法を組み合わせるのが普通です。フォルダーの階層の例を、図5.1に示します。「業務連絡」を例にとると、2階層目は部門名で分類し、3階層目は年度で分類しています。

■図5.1　フォルダーの階層例

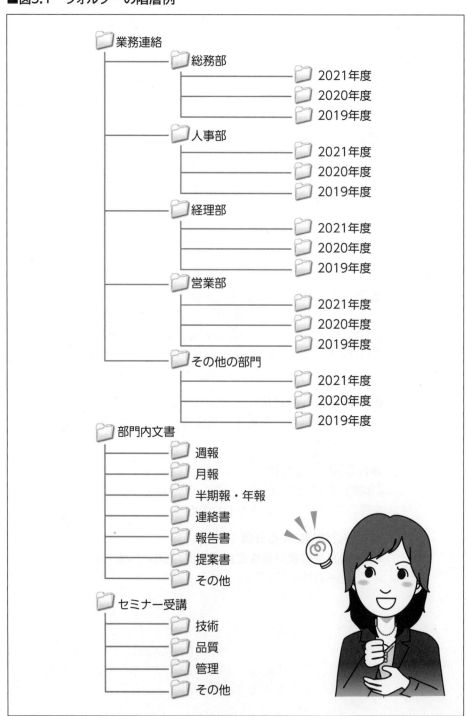

文書のライフサイクルと各プロセスの役割

組織の中の文書は、作成から廃棄まで一連のライフサイクルをたどることになります。このサイクルを問題なく回すためには、文書作成に携わる人の理解と協力が不可欠です。

1 文書のライフサイクル

図5.2は、文書のライフサイクルの基本です。このように、文書は、「作成」→「伝達」→「保管」→「保存」→「廃棄」というライフサイクルを持ち、このライフサイクルの中でいろいろな「活用」がなされています。文書にはこのように、「作成」から「廃棄」に至る「管理」の面と、閲覧・再利用などの「活用」の面があり、文書のライフサイクルはその両面で考えていく必要があります。

文書の管理と活用を適切に行うためには、ライフサイクルの各プロセスで必要なルールを決めると同時に、積極的な運用を図らなければなりません。

■図5.2　文書のライフサイクル

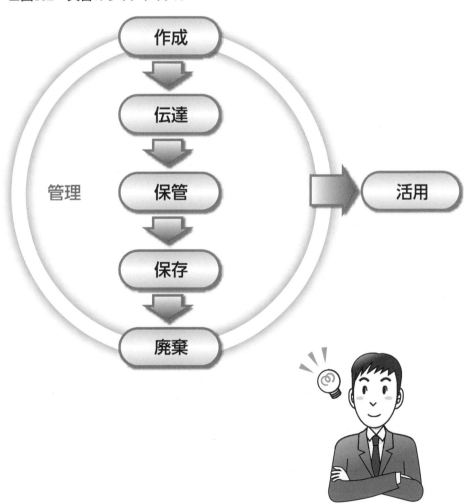

第1章
第2章
第3章
第4章
第5章
第6章
第7章
第8章
模擬試験
付録
索引

2　各プロセスの役割と必要な知識・技術

文書のライフサイクルの各プロセスが果たす役割と、各プロセスに必要な知識・技術は、次のようになります。

❶各プロセスの役割

●作成

PCによって、新規にあるいは既存データを利用して文書を作成します。一部の文書は、作成後に社内規定などに基づいて承認されてから伝達されます。

●伝達

作成した文書は、さまざまな方法で必要な人や部門、外部の会社などに伝達されます。

●保管

作成した文書は個人のPCで管理するか、あるいは社内規定などに基づいて部門や会社のサーバーに格納します。「保管」とは、文書が個人のPCまたは部門や会社のサーバーに格納され管理されている状態を指します。保管されている文書は、閲覧したり再利用したりして活用されます。

●保存

「保存」とは、保管している文書の中でほとんど使われないがまだ廃棄はできないデータを、外付ハードディスクやDVDなど、ほかの電子メディアに記録しておくことを指します。この状態であれば、必要なときに利用することができます。

●廃棄

文書のライフサイクルの最後が「廃棄」です。適切な廃棄は、文書管理を維持していくために重要です。次のような視点から廃棄します。

- 個人が管理しているPCのデータを随時見直して、不要な文書は廃棄する。
- 共有サーバーで保管されている文書の廃棄ルールと担当者を決めておいて、廃棄すべき文書があれば廃棄する。
- 設定した保管年限・保存年限を過ぎた文書は廃棄する。
- 電子メディアを廃棄するときは、データを消去するだけでなく物理的に破壊する。

●活用

文書は、それぞれのプロセスで閲覧や再利用などの活用がなされます。

❷ 各プロセスに必要な知識・技術

文書のライフサイクルの各プロセスで作業をするとき、作業に関わる必要な知識・技術を整理すると表5.1のようになります。文書作成に携わる者は、これらの知識・技術を身に付け、適切な文書管理をしていく必要があります。

■表5.1　各プロセスに必要な知識・技術

プロセス	必要な知識・技術
作成	● PCのOSとバージョン ● 文書作成に使用したアプリケーションとバージョン ● ファイル形式、拡張子 ● 文字コード、フォント
伝達	● アプリケーションの種類とバージョン ● ブラウザーの種別とバージョン ● ファイル形式、拡張子 ● データ容量 ● 圧縮方式 ● 暗号方式 ● 認証方式 ● セキュリティー ● ウイルス対策
保管・保存	● アクセス制限 ● 電子メディア ● 検索エンジン ● バックアップの方法
廃棄	● データ消去ソフト ● 廃棄の方式
活用	● 文書作成に使用したアプリケーションとバージョン ● ファイル形式、拡張子 ● 開示・非開示の基準 ● プリンター出力の可否 ● ダウンロードの可否 ● 再利用の可否（知的財産権などの問題）

知識科目

■ **問題 1**　文書のライフサイクルにおける「保管」と「保存」について解説した文として適切なのはどれですか。次の中から選びなさい。

1　両者の区別はない。

2　「保管」とは文書が個人のPCまたは部門のサーバーに格納されて管理されている状態をいい、「保存」とはハードディスクやDVDなどの電子メディアに文書を記録しておくことをいう。

3　「保管」とはハードディスクやDVDなどの電子メディアに文書を記録しておくことをいい、「保存」とは文書を個人のPCまたは部門のサーバーに格納して管理している状態をいう。

■ **問題 2**　上司に、不要になった電子メディアを適切な方法で廃棄するように指示されました。どうすればよいですか。次の中から選びなさい。

1　データ消去ソフトでデータを消したうえで廃棄する。

2　PC上で、データを削除（ごみ箱に入れる）したうえで廃棄する。

3　電子メディアを物理的に破壊したうえで廃棄する。

■ **問題 3**　文書の「保管・保存」に必要な知識・技術にはどのようなものがありますか。次の中から選びなさい。

1　アクセス制限、電子メディア、検索エンジン、バックアップの方法

2　ウイルス対策、セキュリティー、ブラウザーの種別とバージョン

3　データ消去ソフトを使った廃棄方法

■ **問題 4**　文書のライフサイクルとして正しいものを次の中から選びなさい。

1　「作成」→「伝達」→「活用」→「保管」→「保存」→「廃棄」

2　「作成」→「伝達」→「保管」→「保存」→「廃棄」

3　「作成」→「伝達」→「保管」→「保存」→「廃棄」が基本であるが、各プロセスで「活用」がなされる。

第6章
基本的な
ビジネス文書の作成

STEP 1 作成する文書の確認

この章で作成する文書を確認します。

1 作成する文書の確認

次のようなWordの機能を使って、基本的なビジネス文書を作成します。

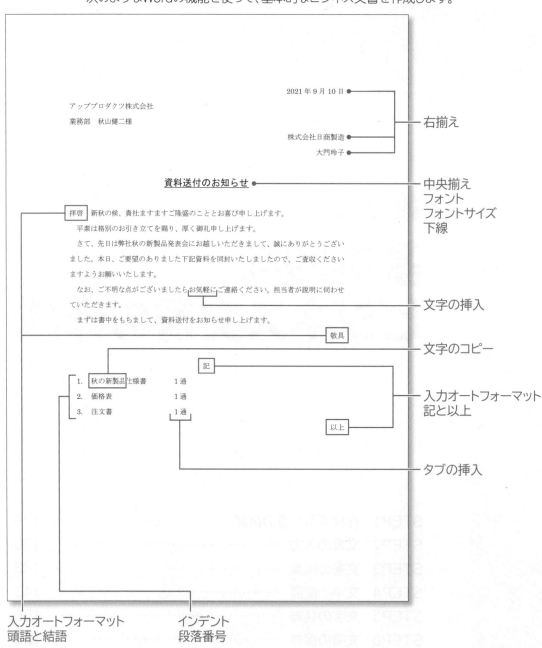

- 右揃え
- 中央揃え
  フォント
  フォントサイズ
  下線
- 文字の挿入
- 文字のコピー
- 入力オートフォーマット
  記と以上
- タブの挿入

入力オートフォーマット
頭語と結語

インデント
段落番号

文章の入力

Wordを利用すると、ビジネス文書を効率的に作成できます。
ここでは、ページのレイアウト設定や文字入力など、文書作成の基本的な操作方法や頭語と結語、記書きなどの入力をサポートするための機能について説明します。

1 新しい文書の作成

Wordを起動して、新しい文書を作成します。新しい文書を作成すると、タイトルバーに「文書1」と表示されます。

Let's Try 新しい文書の作成

Wordを起動し、新しい文書を作成しましょう。

① ■ (スタート) をクリックします。

スタートメニューが表示されます。

② **2019**

《Word》をクリックします。

2016

《Word 2016》をクリックします。

Wordが起動し、Wordのスタート画面が表示されます。

③ タスクバーに ■ が表示されていることを確認します。

※ウィンドウが最大化されていない場合は、 □ (最大化)をクリックしておきましょう。

④《白紙の文書》をクリックします。

新しい文書が開かれます。

⑤ タイトルバーに「**文書1**」と表示されていることを確認します。

2　ページレイアウトの設定

用紙サイズや印刷の向き、余白、1ページの行数、1行の文字数など、文書のページのレイアウトを設定するには「ページ設定」を使います。ページ設定はあとから変更できますが、最初に設定しておくと印刷結果に近い状態が画面に表示されるので、仕上がりがイメージしやすくなります。

Let's Try　ページレイアウトの設定

次のようにページのレイアウトを設定しましょう。

用紙サイズ	：A4
印刷の向き	：縦
余白	：左右　33mm
1ページの行数	：30行

①《レイアウト》タブを選択します。

②《ページ設定》グループの 🔲 (ページ設定) をクリックします。

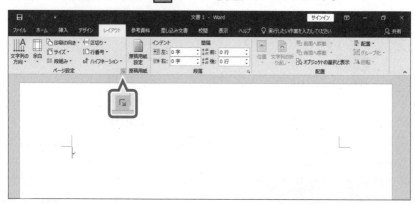

《ページ設定》ダイアログボックスが表示されます。

③《用紙》タブを選択します。

④《用紙サイズ》が《A4》になっていることを確認します。

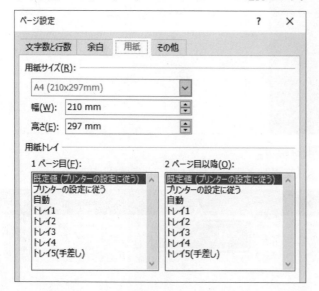

⑤《余白》タブを選択します。

⑥《印刷の向き》が《縦》になっていることを確認します。

⑦《余白》の《左》を「33mm」に設定します。

⑧同様に、《右》を「33mm」に設定します。

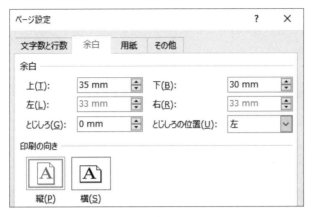

⑨《文字数と行数》タブを選択します。

⑩《行数だけを指定する》を⦿にします。

⑪《行数》を「30」に設定します。

⑫《OK》をクリックします。

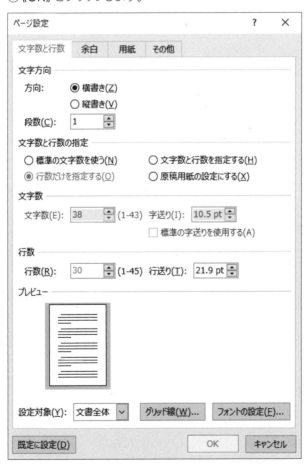

ページレイアウトが設定されます。

※本書に掲載しているWordの画面は、本試験にあわせて、日本語用のフォントを「MS明朝」、英数字用のフォントを「Century」で表示しています。本書と同様のフォントで操作する場合は、P.3「◆Wordの設定」を参照して設定してください。

第1章
第2章
第3章
第4章
第5章
第6章
第7章
第8章
模擬試験
付録
索引

3 編集記号の表示

↵（段落記号）や□（全角空白）などの記号を「**編集記号**」といいます。初期の設定で、↵（段落記号）は表示されていますが、そのほかの編集記号は表示されていません。

⮐（編集記号の表示/非表示）をオンにすると、編集記号が表示されるので、文章を入力・編集するときに表示しておくと、レイアウトの目安として使うことができます。編集記号は印刷されません。

Let's Try 編集記号の表示

編集記号を表示しましょう。

①《ホーム》タブを選択します。

②《段落》グループの ⮐ （編集記号の表示/非表示）をクリックします。

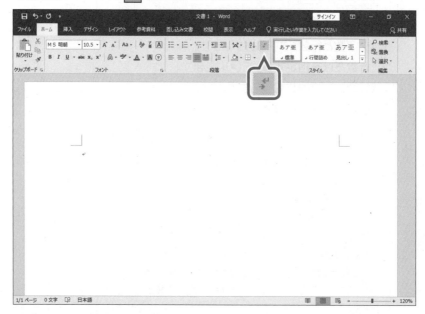

編集記号が表示されます。

※ボタンが濃い灰色になります。

※本文に文字を入力していないため、表示は変わりません。

4 文章の入力

作成する文書に必要な内容を入力します。
ここでは、資料の送付を知らせる社外向けの連絡文書を作成します。

Let's Try 文章の入力

次のように文章を入力しましょう。

```
2021年9月10日 ↵
アッププロダクツ株式会社 ↵
業務部□秋山健二様 ↵
株式会社日商製造 ↵
総務部□大門玲子 ↵
↵
資料送付のお知らせ ↵
↵
```

※数字は半角で入力します。
※□は全角空白を表します。
※ ↵ で[Enter]を押して改行します。

①文章を入力します。

操作のポイント

半角文字の入力
数字が全角で表示された場合、そのまま[Enter]を押すと、全角数字のまま確定されます。半角数字にする場合は、[＿＿＿＿](スペース)または[変換]を押して変換します。

5 頭語と結語の入力

「入力オートフォーマット」を使うと、頭語に対応する結語や「記」に対応する「以上」が自動的に入力されたり、カッコの組み合わせが正しくなるよう自動的に修正されたりするなど、文字の入力に合わせて自動的に書式が設定されます。
頭語と結語の場合は、「**拝啓**」や「**謹啓**」などの頭語を入力したあとで、改行したり空白を入力したりすると、対応する「**敬具**」や「**謹白**」などの結語が自動的に右揃えで入力されます。

Let's Try 頭語と結語の入力

入力オートフォーマットを使って、頭語「**拝啓**」に対する結語「**敬具**」を入力しましょう。
次に、「**拝啓**」に続けて、前文の挨拶文、主文の文章を入力しましょう。

①文末にカーソルがあることを確認します。
②「**拝啓**」と入力します。
改行します。
③ [Enter] を押します。
「**敬具**」が右揃えで入力されます。

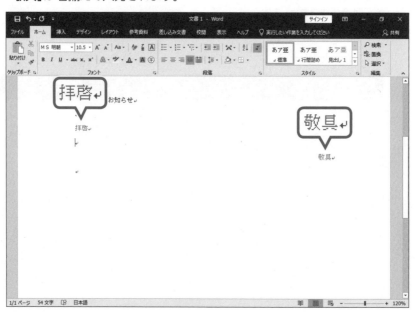

④「**拝啓**」の後ろにカーソルを移動します。
全角空白を入力します。
⑤ [_____] (スペース) を押します。
前文の挨拶文を入力します。
⑥「**新秋の候、貴社ますますご隆盛のこととお喜び申し上げます。**」と入力します。
⑦「**…お喜び申し上げます。**」の下の行にカーソルを移動します。
⑧ [_____] (スペース) を押します。
⑨「**平素は格別のお引き立てを賜り、厚く御礼申し上げます。**」と入力します。
改行します。
⑩ [Enter] を押します。

主文と末文の文章を入力します。

⑪文章を入力します。

※□は全角空白を表します。

※ ↵ で Enter を押して改行します。

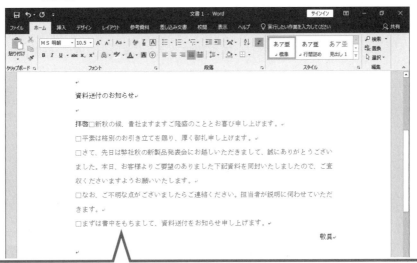

拝啓□新秋の候、貴社ますますご隆盛のこととお喜び申し上げます。↵

□平素は格別のお引き立てを賜り、厚く御礼申し上げます。↵

□さて、先日は弊社秋の新製品発表会にお越しいただきまして、誠にありがとうござい
ました。本日、お客様よりご要望のありました下記資料を同封いたしましたので、ご査
収くださいますようお願いいたします。↵

□なお、ご不明な点がございましたらご連絡ください。担当者が説明に伺わせていただ
きます。↵

□まずは書中をもちまして、資料送付をお知らせ申し上げます。↵

敬具↵

 操作のポイント

文末にカーソルを移動
文末にカーソルを移動するには、 Ctrl + End を押すと効率的です。

第1章

第2章

第3章

第4章

第5章

第6章

第7章

第8章

模擬試験

付録

索引

6 記書きの入力

「記」と入力して改行すると、「記」が中央揃えされ、「以上」が右揃えで入力されます。

Let's Try 記書きの入力

入力オートフォーマットを使って、記書きを入力しましょう。次に、記書きの文章を入力しましょう。

①文末にカーソルを移動します。

改行します。

②[Enter]を押します。

③「記」と入力します。

改行します。

④[Enter]を押します。

「記」が中央揃えされ、「以上」が右揃えで入力されます。

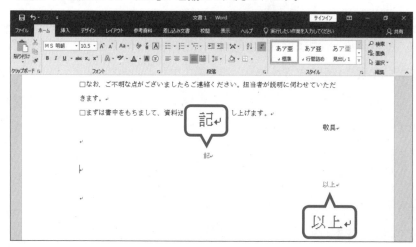

⑤文章を入力します。

※数字は半角で入力します。

※ ↵ で[Enter]を押して改行します。

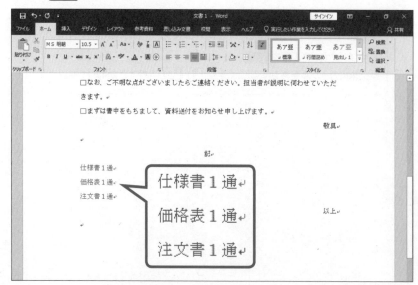

文書の編集

入力した文章は、必要に応じて修正します。すべて入力し直さなくても、不要な文字を削除したり、必要な文字を挿入したりするなど、文字単位で修正できます。また、すでに入力されている文字を文書のほかの場所にコピーすることもできます。

第1章

第2章

第3章

第4章

第5章

第6章

第7章

第8章

模擬試験

付録

索引

1 文字の削除

文字を削除するには、文字を選択して [Delete] を押します。文字を削除すると、↵ (段落記号) までの文字が字詰めされます。

Let's Try 文字の削除

「お客様より」を削除しましょう。

削除する文字を選択します。
①「お客様より」を選択します。

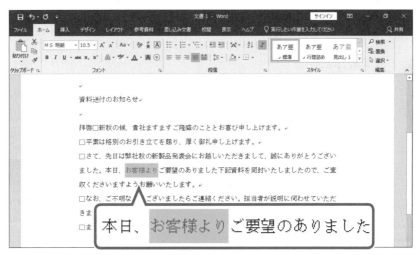

② [Delete] を押します。
文字が削除され、後ろの文字が字詰めされます。

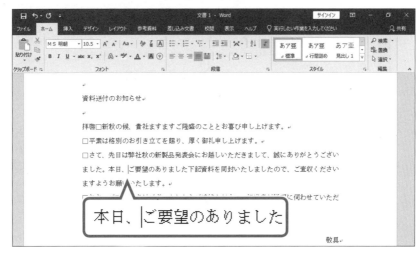

操作のポイント

範囲選択の方法
次のような方法で、選択できます。

単位	操作
文字	選択する文字をドラッグ
行（1行単位）	行の左端をクリック（マウスポインターの形が の状態）
複数行（連続する複数の行）	行の左端をドラッグ（マウスポインターの形が の状態）
複数の範囲 （離れた場所にある複数の範囲）	[Ctrl]を押しながら、範囲を選択
文書全体	行の左端を素早く3回クリック（マウスポインターの形が の状態）

2　文字の挿入

文字を挿入するには、挿入する位置にカーソルを移動してから文字を入力します。文字を挿入すると、↵（段落記号）までの文字が字送りされます。

Let's Try **文字の挿入**

「…ご不明な点がございましたら」の後ろに「遠慮なく」を挿入しましょう。

文字を挿入する位置にカーソルを移動します。
①「…ご不明な点がございましたら」の後ろにカーソルを移動します。

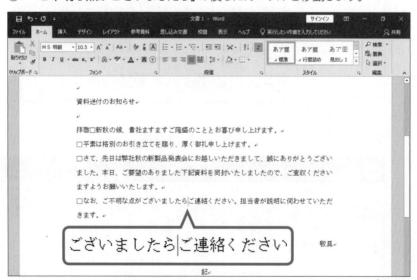

文字を入力します。
②「遠慮なく」と入力します。

文字が挿入され、後ろの文字が字送りされます。

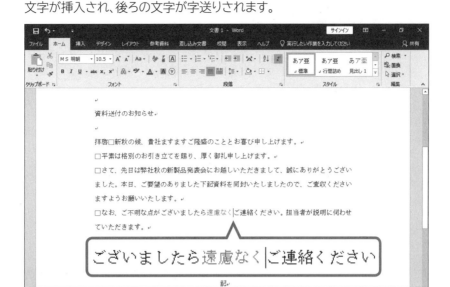

操作のポイント

上書き
文字を選択した状態で新しい文字を入力すると、新しい文字に上書きできます。

文字の再変換
文字を確定したあとでも、ほかの漢字やカタカナなどに再変換できます。文字を削除して入力し直す手間が省けるので効率よく作業できます。
文字を再変換する方法は、次のとおりです。
◆再変換する文字上にカーソルを移動→[変換]→変換候補一覧から目的の文字を選択

ございましたらえん|りょなくご連絡ください。

[変換]を押す

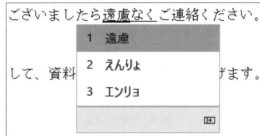

ございましたら遠慮なくご連絡ください。

1	遠慮
2	えんりょ
3	エンリョ

して、資料　　　　　　　　　　げます。

3　文字のコピー

文字をコピーするには、📋 (コピー) を使います。文字をコピーすると、コピー元の文字はクリップボード (一時的にデータを記憶する領域) に保存され、📋 (貼り付け) をクリックすると、クリップボードに記憶されている内容がカーソルのある位置にコピーされます。

Let's Try　文字のコピー

「秋の新製品」を「仕様書」の前にコピーしましょう。

コピー元の文字を選択します。
①「秋の新製品」を選択します。
②《ホーム》タブを選択します。
③《クリップボード》グループの 📋 (コピー) をクリックします。

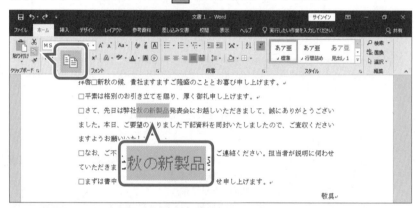

コピー先を指定します。
④「仕様書」の前にカーソルを移動します。
⑤《クリップボード》グループの 📋 (貼り付け) をクリックします。

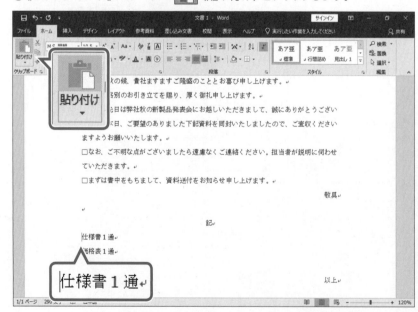

文字がコピーされます。

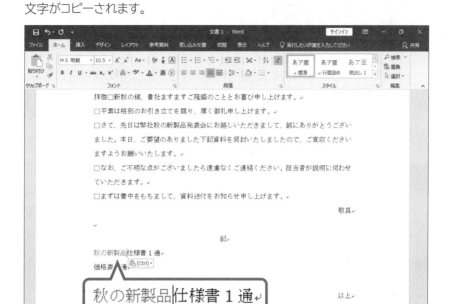

第1章
第2章
第3章
第4章
第5章
第6章
第7章
第8章
模擬試験
付録
索引

💡 **操作のポイント**

その他の方法（コピー）

◆コピー元を選択→範囲内を右クリック→《コピー》→コピー先を右クリック→《貼り付けのオプション》から選択
◆コピー元を選択→[Ctrl]+[C]→コピー先をクリック→[Ctrl]+[V]
◆コピー元を選択→範囲内をポイントし、マウスポインターの形が📄に変わったら[Ctrl]を押しながらコピー先にドラッグ
※ドラッグ中、マウスポインターの形が📄に変わります。

貼り付けのプレビュー

📋（貼り付け）の 貼り付け をクリックすると、元の書式のままコピーするか文字だけをコピーするかなど、一覧から貼り付ける形式を選択できます。貼り付けを実行する前に、一覧のボタンをポイントすると、コピー結果を文書内で確認できます。

貼り付けのオプション

「貼り付け」を実行した直後に表示される 📋(Ctrl)▾ を「貼り付けのオプション」といいます。
📋(Ctrl)▾（貼り付けのオプション）をクリックするか、[Ctrl]を押すと、貼り付ける形式を変更できます。
📋(Ctrl)▾（貼り付けのオプション）を使わない場合は、[Esc]を押します。

文字の移動

文字を移動するには、✂（切り取り）を使います。✂（切り取り）をクリックすると、移動元の文字はクリップボード（一時的にデータを記憶する領域）に保存され、📋（貼り付け）をクリックすると、クリップボードに記憶されている内容がカーソルのある位置に移動します。
文字を移動する方法は、次のとおりです。

◆移動元を選択→《ホーム》タブ→《クリップボード》グループの✂（切り取り）→移動先をクリック→《クリップボード》グループの📋（貼り付け）

STEP 4 文字の配置

文章を入力したら、文字の配置を変更しましょう。文字の配置は段落単位で設定されるため、段落内にカーソルを移動するだけで設定できます。
ここでは、文字の中央揃えや右揃え、インデントの設定、タブの挿入、段落番号の設定方法について説明します。

1 文字の配置の変更

文字を中央に配置するには ▤（中央揃え）、右端に配置するには ▤（右揃え）を使います。

Let's Try 中央揃え・右揃えの設定

標題を中央揃え、発信日付と発信者名を右揃えに設定しましょう。

①「資料送付のお知らせ」の行にカーソルを移動します。
※段落内であれば、どこでもかまいません。
②《ホーム》タブを選択します。
③《段落》グループの ▤（中央揃え）をクリックします。

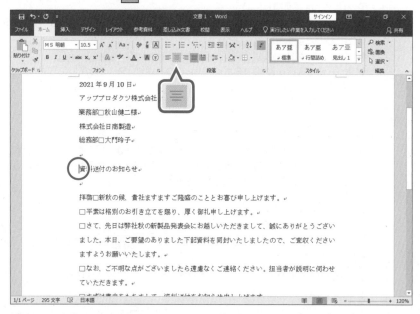

文字が中央揃えされます。
※ボタンが濃い灰色になります。

④「2021年9月10日」の行にカーソルを移動します。
※段落内であれば、どこでもかまいません。
⑤《段落》グループの ≡ （右揃え）をクリックします。

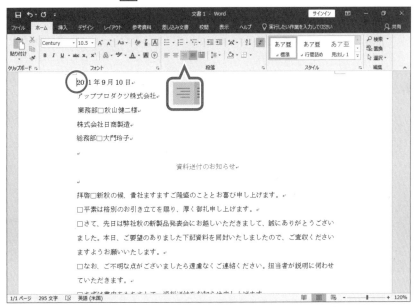

文字が右揃えされます。
※ボタンが濃い灰色になります。
⑥「株式会社日商製造」から「総務部□大門玲子」までの行を選択します。
※行の左端をドラッグします。
⑦ F4 を押します。
直前の書式が繰り返し設定されます。
※選択を解除しておきましょう。

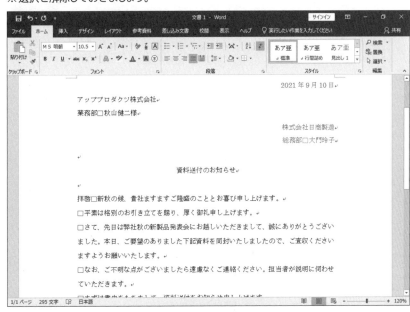

第1章
第2章
第3章
第4章
第5章
第6章
第7章
第8章
模擬試験
付録
索引

💡 操作のポイント

繰り返し
F4 を押すと、直前に実行したコマンドを繰り返すことができます。ただし、F4 を押しても、繰り返し実行できない場合もあります。

2　インデントの設定

段落単位で字下げするには、「**左インデント**」を設定します。

▤ （インデントを増やす）を使うと、1回クリックするごとに1字ずつ字下げされます。逆に

◤ （インデントを減らす）を使うと、1回クリックするごとに1字ずつ元の位置に戻ります。

Let's Try　インデントの設定

記書きに1字分の左インデントを設定しましょう。

①「**秋の新製品…**」で始まる行から「**注文書…**」で始まる行を選択します。
※行の左端をドラッグします。
②《**ホーム**》タブを選択します。
③《**段落**》グループの ▤ （インデントを増やす）を1回クリックします。

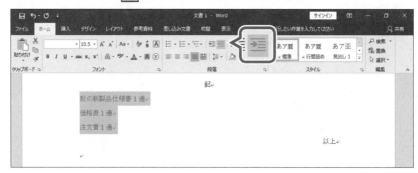

左のインデント幅が変更されます。
※選択を解除しておきましょう。

💡 操作のポイント

その他の方法（左インデント）
◆ 段落にカーソルを移動→《レイアウト》タブ→《段落》グループの ▤左: （左インデント）を設定
◆ 段落にカーソルを移動→《レイアウト》タブ→《段落》グループの ▫ （段落の設定）→《インデントと行間隔》タブ→《インデント》の《左》を設定
◆ 段落にカーソルを移動→《ホーム》タブ→《段落》グループの ▫ （段落の設定）→《インデントと行間隔》タブ→《インデント》の《左》を設定

インデントの自動設定
文字を入力してから行頭で▭（スペース）を押すと自動的に1字分のインデントが設定されます。
また、インデントが設定してある行で改行すると、次の行にも自動的にインデントが設定されます。自動的に設定されたインデントを解除するには、 Back Space を押します。

3 タブの挿入

「タブ」を使うと、行内の特定の位置で文字をそろえることができます。文字をそろえるための基準となる位置を「**タブ位置**」といいます。そろえる文字の前にカーソルを移動して[Tab]を押すと、→（タブ）が挿入され、文字をタブ位置にそろえることができます。
初期の設定では、[Tab]を押すと4字間隔で文字をそろえることができますが、水平ルーラーを使って、任意の位置に文字をそろえることもできます。

Let's Try ルーラーの表示

ルーラーを表示しましょう。

①《**表示**》タブを選択します。
②《**表示**》グループの《**ルーラー**》を☑にします。
水平ルーラーと垂直ルーラーが表示されます。

垂直ルーラー →

水平ルーラー

操作のポイント

ルーラーの単位の変更
初期の設定では、ルーラーの目盛りは文字数で表示されていますが、お使いの環境によってミリメートル（mm）やインチ（in）で表示されている場合もあります。
ルーラーを文字数に変更する方法は、以下のとおりです。

◆《**ファイル**》タブ→《**オプション**》→《**詳細設定**》→《**表示**》の《☑単位に文字幅を使用する》
※お使いの環境によっては《オプション》が表示されていない場合があります。その場合は《その他》→《オプション》をクリックします。

Let's Try　任意のタブの位置にそろえる

水平ルーラーを使って、記書きの「1通」の文字を約15字の位置にそろえましょう。

①「秋の新製品…」で始まる行から「注文書…」で始まる行を選択します。
※行の左端をドラッグします。

②水平ルーラーの左端のタブの種類が [L] (左揃えタブ) になっていることを確認します。
※ [L] (左揃えタブ) になっていない場合は、何回かクリックします。
タブ位置を設定します。

③水平ルーラーの約15字の位置をクリックします。

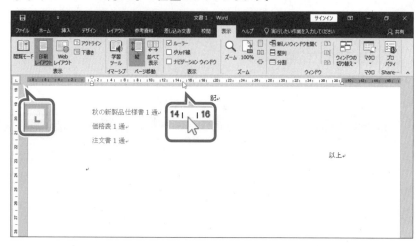

水平ルーラーのクリックした位置に **L** (タブマーカー) が表示されます。
※タブ位置を調整するには、水平ルーラーの **L** (タブマーカー) をドラッグします。

「秋の新製品仕様書」の「1通」を設定したタブ位置にそろえます。

④「秋の新製品仕様書」の後ろにカーソルを移動します。

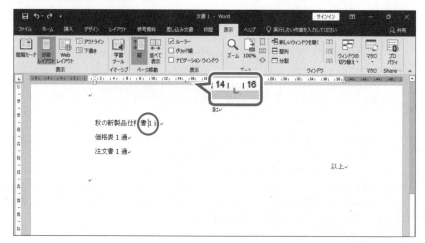

⑤ [Tab] を押します。

➡ (タブ)が挿入され、約15字の位置にそろえられます。

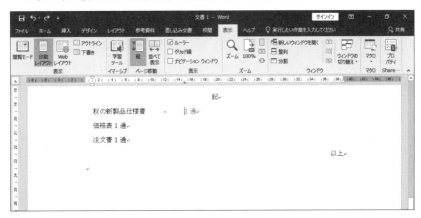

⑥同様に、「価格表」の「1通」、「注文書」の「1通」に [Tab] を挿入します。

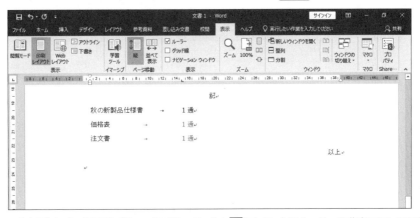

※《表示》タブ→《表示》グループの《ルーラー》を □ にして、水平ルーラーを非表示にしておきましょう。

操作のポイント

その他の方法（タブ位置の設定）

◆ 段落内にカーソルを移動→《ホーム》タブ→《段落》グループの ⬚ （段落の設定）→《タブ設定》→《タブ位置》に字数を入力→《配置》を設定

タブの種類

水平ルーラーの左端にある ⌊ をクリックすると、タブの種類を順番に変更できます。
タブの種類は、次のとおりです。

種類	説明
⌊ （左揃えタブ）	文字の左端をタブ位置にそろえます。
⊥ （中央揃えタブ）	文字の中央をタブ位置にそろえます。
⌟ （右揃えタブ）	文字の右端をタブ位置にそろえます。
⊥ （小数点揃えタブ）	数値の小数点をタブ位置にそろえます。
┃ （縦棒タブ）	縦棒をタブ位置に表示します。

➡ （タブ）の削除

➡ は、文字と同様に [Delete] または [Back Space] で削除できます。

4 段落番号の設定

「段落番号」を使うと、段落の先頭に「1.2.3.」や「①②③」などの番号を付けることができます。

Let's Try 段落番号の設定

記書きに「1.2.3.」の段落番号を付けましょう。

①「秋の新製品…」で始まる行から「注文書…」で始まる行を選択します。
※行の左端をドラッグします。
②《ホーム》タブを選択します。
③《段落》グループの ▤▾（段落番号）の ▾ をクリックします。
④《1.2.3.》をクリックします。
※一覧をポイントすると、設定後のイメージを画面で確認できます。

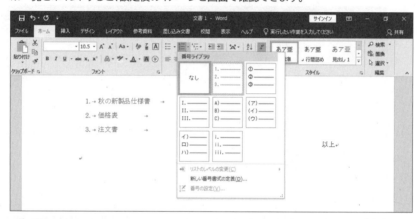

段落番号が設定されます。
※ボタンが濃い灰色になります。

 操作のポイント

段落番号の入力
行頭に「1.」「①」などを入力して文章を入力したあと Enter を押すと、自動的に段落番号が設定されます。

箇条書き
「箇条書き」を使うと、段落の先頭に「●」や「◆」などの記号を付けることができます。
箇条書きを設定する方法は、次のとおりです。

◆段落を選択→《ホーム》タブ→《段落》グループの ▤▾（箇条書き）の ▾

文字の均等割り付け
文書中の文字に対して「均等割り付け」を使うと、指定した文字数の幅に合わせて文字が均等に配置されます。文字数は、入力した文字数よりも狭い幅に設定することもできます。
箇条書きの項目名などを同じ文字数の幅に合わせて配置する場合などに使います。
均等割り付けを設定する方法は、次のとおりです。

◆文字を選択→《ホーム》タブ→《段落》グループの ▤（均等割り付け）→《新しい文字列の幅》
　を設定

文字の装飾

文章を入力したら、必要に応じて文字の大きさや書体などを変更し、文書の体裁を整えます。
ここでは、フォントサイズやフォントの変更、下線の設定について説明します。

1 文字の大きさの変更

文字の大きさのことを「フォントサイズ」といい、「ポイント (pt)」という単位で表します。
初期の設定は「10.5」ポイントです。
フォントサイズを変更するには 10.5 ▼ (フォントサイズ) を使います。

Let's Try フォントサイズの変更

標題「資料送付のお知らせ」のフォントサイズを「14」ポイントに変更しましょう。

①「資料送付のお知らせ」の行を選択します。
※行の左端をクリックします。
②《ホーム》タブを選択します。
③《フォント》グループの 10.5 ▼ (フォントサイズ) の ▼ をクリックし、一覧から《14》を選択します。
※一覧をポイントすると、設定後のイメージを画面で確認できます。

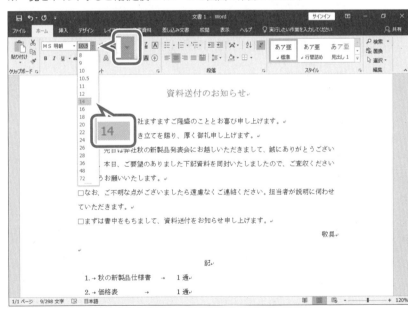

フォントサイズが変更されます。

2 文字の書体の変更

文字の書体のことを「**フォント**」といいます。
フォントを変更するには MS 明朝 ▼ (フォント) を使います。

Let's Try フォントの変更

標題「資料送付のお知らせ」のフォントを「MSゴシック」に変更しましょう。

①「**資料送付のお知らせ**」の行が選択されていることを確認します。
②《**ホーム**》タブを選択します。
③《**フォント**》グループの MS 明朝 ▼ (フォント) の ▼ をクリックし、一覧から《**MSゴシック**》を選択します。

※一覧をポイントすると、設定後のイメージを画面で確認できます。

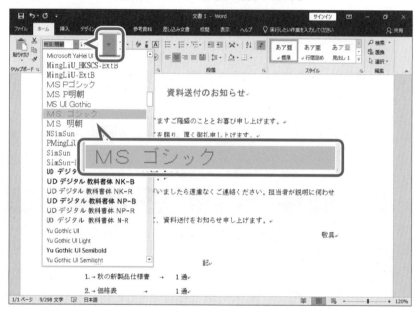

フォントが変更されます。

3 下線の設定

文字に下線を付けて強調できます。二重線や波線など、下線の種類を選択できます。

Let's Try 下線の設定

標題「資料送付のお知らせ」に下線を設定しましょう。

①「資料送付のお知らせ」の行が選択されていることを確認します。
②《ホーム》タブを選択します。
③《フォント》グループの U （下線）をクリックします。
文字に下線が付きます。
※ボタンが濃い灰色になります。

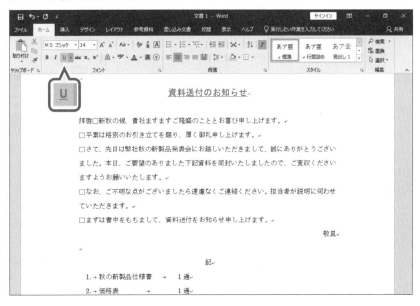

操作のポイント

その他の方法（下線の設定）
◆文字を選択→ Ctrl + U

下線の種類
U （下線）をクリックすると、初期の設定で一重下線が引かれます。ほかの線の種類や色を選択する場合は、U・ （下線）の・をクリックします。ほかの線の種類や色を選択したあとに U （下線）をクリックすると、直前に設定した種類と色の下線が引かれます。

文字の強調
文字は、太字や斜体、囲み線、網かけなどを設定して強調することもできます。
それぞれ、《フォント》グループの B （太字）、I （斜体）、A （囲み線）、A （文字の網かけ）を使って設定できます。

STEP 6 文書の保存

文書が完成したら、ファイルとして保存します。
ここでは、名前を付けて保存する方法について説明します。

1 名前を付けて保存

新規に作成した文書の場合は、ファイルに名前を付けて保存します。

Let's Try 名前を付けて保存

作成した文書に「資料送付のお知らせ」と名前を付けて保存しましょう。

①《ファイル》タブを選択します。

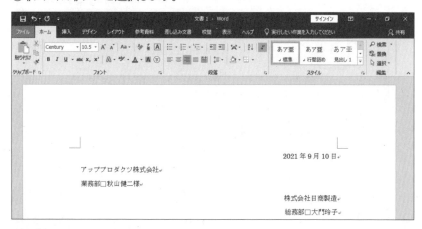

②《名前を付けて保存》をクリックします。
③《参照》をクリックします。

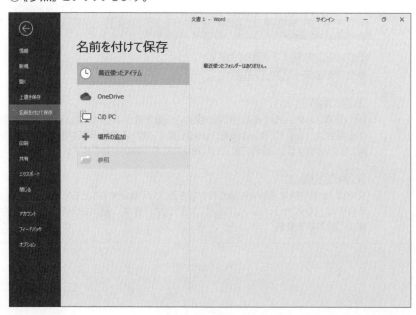

《名前を付けて保存》ダイアログボックスが表示されます。

文書を保存する場所を選択します。

④《ドキュメント》が開かれていることを確認します。

※《ドキュメント》が開かれていない場合は、《PC》→《ドキュメント》をクリックします。

⑤一覧から「日商PC 文書作成3級 Word2019／2016」を選択します。

⑥《開く》をクリックします。

⑦一覧から「第6章」を選択します。

⑧《開く》をクリックします。

⑨《ファイル名》に「資料送付のお知らせ」と入力します。

⑩《保存》をクリックします。

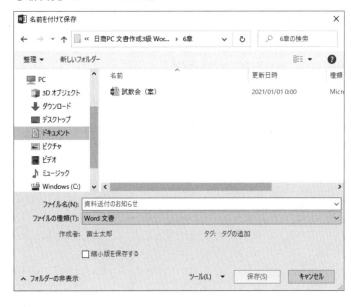

第1章

第2章

第3章

第4章

第5章

第6章

第7章

第8章

模擬試験

付録

索引

文書が保存され、タイトルバーにファイル名が表示されます。

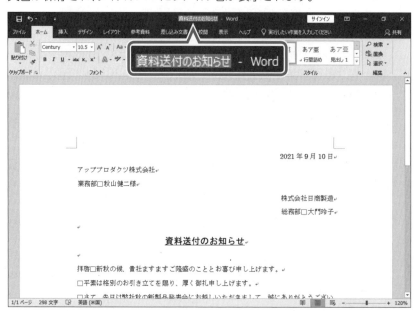

操作のポイント

上書き保存

新しい文書を保存する場合は「名前を付けて保存」にしますが、追加や修正をしたあとに以前の
ファイルを残しておく必要がない場合は「上書き保存」にします。
上書き保存する方法は、次のとおりです。

◆《ファイル》タブ→《上書き保存》
◆クイックアクセスツールバーの ◻ （上書き保存）

保存のタイミング

停電などによる強制的な終了を考慮して文書の作成途中でも、こまめに上書き保存しながら作
業するとよいでしょう。

Word 2019／2016のファイル形式

Word 2007以降で文書を作成・保存すると、自動的に拡張子「.docx」が付きます。Word
2003以前のバージョンで作成・保存されている文書の拡張子は「.doc」で、ファイル形式が異な
ります。

第1章

第2章

第3章

第4章

第5章

第6章

第7章

第8章

模擬試験

付録

索引

STEP 7 文書の印刷

作成した文書は、誤字・脱字がないかよく確認してから印刷します。
ここでは、文書を印刷する方法について説明します。

1 文書の印刷

作成した文書を印刷する際は、画面で印刷イメージを確認します。印刷の向きや余白のバランスが適当か、レイアウトが整っているかなどを確認してから印刷します。

Let's Try 文書の印刷

作成した文書の印刷イメージを確認し、A4判用紙1枚に収まっているか確認しましょう。
次に、文書を1部印刷しましょう。

①《ファイル》タブを選択します。

②《印刷》をクリックします。

③《A4》になっていることを確認します。

※なっていない場合は、・をクリックし、一覧から選択します。

④印刷イメージで文書が1ページに収まっていることを確認します。

⑤《印刷》の《部数》が「1」になっていることを確認します。

⑥《プリンター》に出力するプリンターの名前が表示されていることを確認します。

※表示されていない場合は、・をクリックし一覧から選択します。

⑦《印刷》をクリックします。

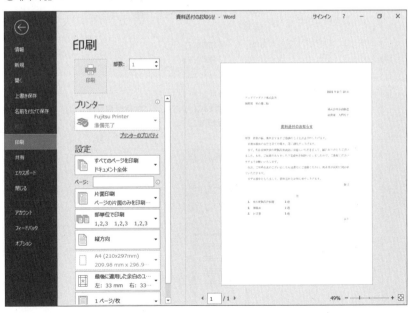

※文書を閉じておきましょう。

操作のポイント

その他の方法（印刷）

◆ Ctrl + P

ページレイアウトの設定

印刷イメージを確認し、レイアウトが整っていない場合は、《ページ設定》をクリックすると、《ページ設定》ダイアログボックスが表示され、ページのレイアウトを調整できます。

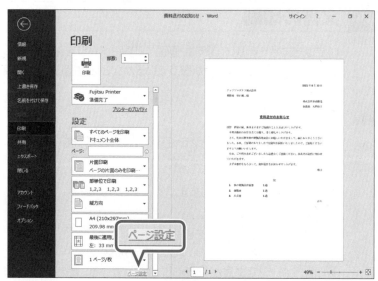

ページ設定

クリックすると

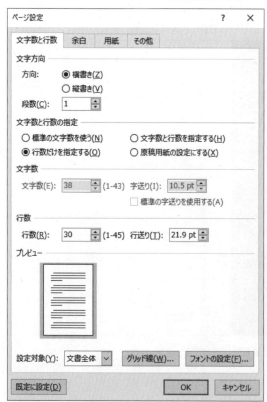

実技科目

次の操作を行い、文書を作成しましょう。

OPEN フォルダー「第6章」のファイル「試飲会(案)」を開いておきましょう。

❶ 左余白と右余白を「33mm」に変更しましょう。

❷ 発信日は「2021年10月12日」とし、適切な位置に記入しましょう。

❸ 宛名を主文より推察し、適切な位置に記入しましょう。

❹ 発信者は「株式会社日商ワインファクトリー　代表取締役社長　佐竹義則」とし、2行に分けて適切な位置に記入しましょう。

❺ 標題は「新商品試飲会のご案内」とし、文字サイズを14ポイント、書体をゴシック体に設定して、中央に配置しましょう。

❻ 主文内の適切な箇所に「当社の業務につきましては、平素から格別のご愛顧を賜り、厚く御礼申し上げます。」を独立した段落として追加しましょう。

❼ 記書きの「開催日」「時間」「会場」「問い合わせ先」を6字分の均等割り付けにしましょう。

❽ 記書きの「開催日」「時間」「会場」「問い合わせ先」に箇条書きの「◆」を付けましょう。

❾ 問い合わせ先の「総務部」の前に発信者の会社名を追加しましょう。

❿ A4判用紙1枚に出力できるようにレイアウトしましょう。

⓫ 作成したファイルは「ドキュメント」内のフォルダー「日商PC 文書作成3級 Word2019／2016」内のフォルダー「第6章」に「新商品試飲会のご案内」として保存しましょう。

第1章
第2章
第3章
第4章
第5章
第6章
第7章
第8章
模擬試験
付録
索引

試飲会の開催について

拝啓　仲秋の候、貴社ますますご隆昌のこととお喜び申し上げます。
　さて、このたび弊社では、夏から秋にかけてワインの仕込みを行っておりましたが、おかげさまをもちましてこのほど発売の運びとなりました。
　つきましては、販売店の皆様に発売に先駆けて味わっていただきたく、下記のとおり新商品の試飲会を開催いたしますので、ぜひご出席賜りますようお願い申し上げます。
　ご多用中、誠に恐縮ではございますが、皆様のご来場を心よりお待ち申し上げております。
　　　　　　　　　　　　　　　　　　　　　　　　　　　　　　　　　　　　　　敬具

　　　　　　　　　　　　　　　　　　記

開催日：2021 年 11 月 5 日（金）
時間：午後 1 時〜午後 6 時
会場：スカイフロントホテル 20 階　天空の間
問い合わせ先：03-5401-XXXX（総務部　直通）

　　　　　　　　　　　　　　　　　　　　　　　　　　　　　　　　　　　　　　以上

第7章
表のある
ビジネス文書の作成

作成する文書の確認

この章で作成する文書を確認します。

1 作成する文書の確認

次のようなWordの機能を使って、表のあるビジネス文書を作成します。

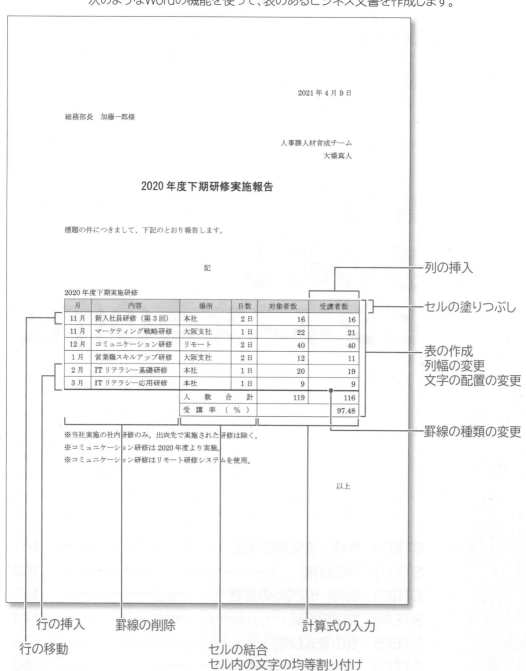

2021 年 4 月 9 日

総務部長　加藤一郎様

人事課人材育成チーム
大場真人

2020 年度下期研修実施報告

標題の件につきまして、下記のとおり報告します。

記

2020 年度下期実施研修

月	内容	場所	日数	対象者数	受講者数
11 月	新入社員研修（第 3 回）	本社	2 日	16	16
11 月	マーケティング戦略研修	大阪支社	1 日	22	21
12 月	コミュニケーション研修	リモート	2 日	40	40
1 月	営業職スキルアップ研修	大阪支社	2 日	12	11
2 月	IT リテラシー基礎研修	本社	1 日	20	19
3 月	IT リテラシー応用研修	本社	1 日	9	9
人　数　合　計				119	116
受　講　率　（ ％ ）					97.48

※当社実施の社内研修のみ。出向先で実施された研修は除く。
※コミュニケーション研修は 2020 年度より実施。
※コミュニケーション研修はリモート研修システムを使用。

以上

列の挿入

セルの塗りつぶし

表の作成
列幅の変更
文字の配置の変更

罫線の種類の変更

行の挿入　　罫線の削除　　　　　　　　計算式の入力

行の移動

セルの結合
セル内の文字の均等割り付け

表の作成

Wordでは、行数と列数を選択するだけで簡単に表を作成できます。
表を使うと、項目ごとにデータを整列して表示でき、内容を読み取りやすくなります。
ここでは、表の挿入や文字の入力方法について説明します。

第1章

第2章

第3章

第4章

第5章

第6章

第7章

第8章

模擬試験

付録

索引

1 表の作成

表を作成するには、 （表の追加）を使います。
表は罫線で囲まれた「列」と「行」で構成されます。また、罫線で囲まれたひとつのマス目を「セル」といい、セルに文字を入力していきます。

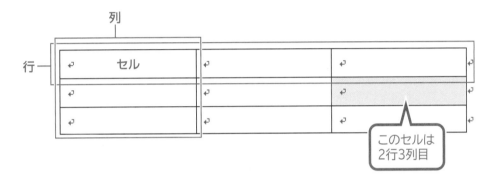

Let's Try 表の挿入

「2020年度下期実施研修」の下の行に、7行5列の表を作成しましょう。

📄OPEN フォルダー「第7章」のファイル「研修実施報告」を開いておきましょう。

①「2020年度下期実施研修」の下の行にカーソルを移動します。

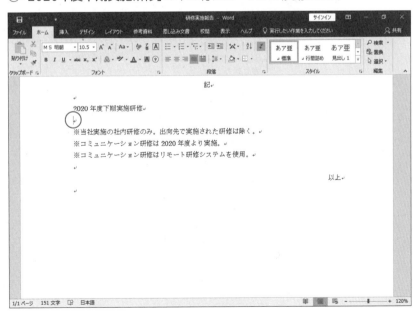

②《挿入》タブを選択します。

③《表》グループの 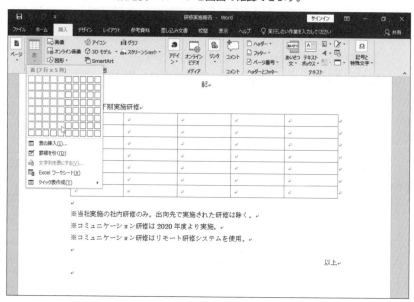 （表の追加）をクリックします。

マス目が表示されます。

行数（7行）と列数（5列）を指定します。

④下に7マス分、右に5マス分の位置をポイントします。

⑤表のマス目の上に「表（7行×5列）」と表示されていることを確認し、クリックします。

※一覧をポイントすると、設定後のイメージを画面で確認できます。

表が作成されます。

💡 **操作のポイント**

《表の挿入》ダイアログボックスを利用した表の作成

マス目で指定できない行数（9行以上）や列数（11列以上）を指定する場合は、《表の挿入》ダイアログボックスを使うと、効率よく表を作成できます。

《表の挿入》ダイアログボックスを使って表を作成する方法は、次のとおりです。

◆《挿入》タブ→《表》グループの （表の追加）→《表の挿入》→《列数》と《行数》を指定

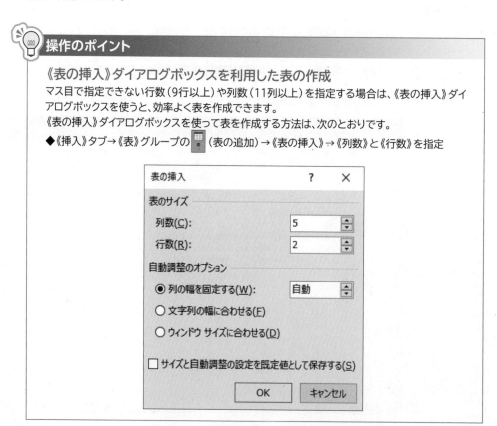

2 　文字の入力

表内では、文字を入力するセルにカーソルを移動してから入力します。

Let's Try 文字の入力

作成した表に文字を入力しましょう。

①文字を入力します。

※文字を入力・確定後に [Enter] を押すと、セルの中で改行されてセルが縦方向に広がるので注意しましょう。間違えて改行した場合は、[Back Space] を押します。

※数字は半角で入力します。

記

⊞2020 年度下期実施研修

月	内容	場所	日数	対象者数	
11 月	マーケティング戦略研修	大阪支社	1 日	22	
11 月	新入社員研修（第 3 回）	本社	2 日	16	
12 月	コミュニケーション研修	リモート	2 日	40	
1 月	管理職スキルアップ研修	大阪支社	2 日	12	
		人数合計			
		受講率（%）			

💡 操作のポイント

表内のカーソルの移動

表内でカーソルを移動する場合は、次のキーで操作すると効率的です。

移動方向	キー
右のセルへ移動	[Tab] または [→]
左のセルへ移動	[Shift] + [Tab] または [←]
上のセルへ移動	[↑]
下のセルへ移動	[↓]

STEP 3 表のレイアウトの変更

表を作成後、必要に応じて表のレイアウトを変更します。
ここでは、列幅の変更、行・列の挿入、行の移動、セルの結合、罫線の削除方法について説明します。

1 列幅の変更

列と列の間の罫線をドラッグしたりダブルクリックしたりして、列幅を変更できます。
列幅を自由に変更したい場合は、列の右側の罫線をドラッグします。列内で最長のデータに合わせて列幅を自動的に変更する場合は、列の右側の罫線をダブルクリックします。

Let's Try ドラッグ操作による列幅の変更

1列目の「月」の列幅を狭くしましょう。

①1列目の右側の罫線をポイントします。
マウスポインターの形が ◂‖▸ に変わります。
②図のようにドラッグします。

ドラッグ中、マウスポインターの動きに合わせて点線が表示されます。

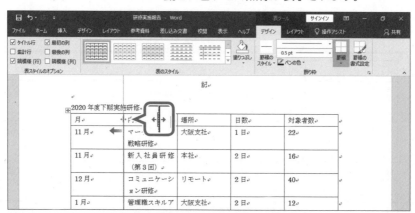

列幅が変更されます。

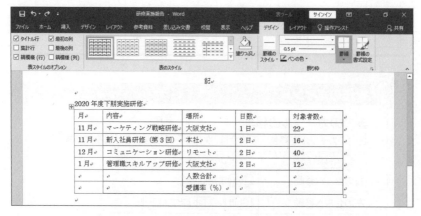

※表全体の幅は変わりません。

Let's Try　ダブルクリック操作による列幅の変更

2～4列目の列幅を、列内で最長のデータに合わせて自動調整しましょう。

①2列目の上側をポイントします。

マウスポインターの形が↓に変わります。

②図のように2～4列目の上側をドラッグします。

2～4列目が選択されます。

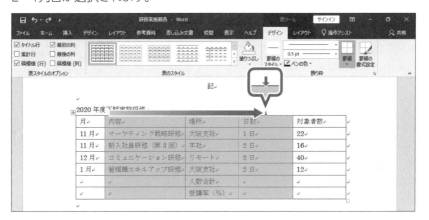

③2列目の右側の罫線をポイントします。

マウスポインターの形が╂に変わります。

※2～4列目の右側の境界線であればどこでもかまいません。

④ダブルクリックします。

列内の最長のデータに合わせて列幅が変更されます。

※表全体の幅も調整されます。

※選択を解除しておきましょう。

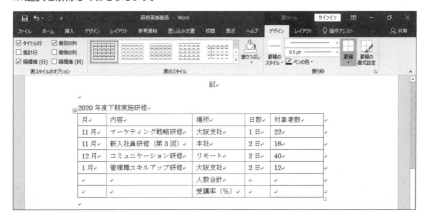

操作のポイント

行の高さの変更

行の下側の罫線をポイントし、マウスポインターが↕の状態でドラッグすると、行の高さを自由に変更できます。

操作のポイント

範囲選択の方法

次のような方法で、選択できます。

単位	操作
セル	セルの左側をクリック（マウスポインターの形が ⬆ の状態）
複数セル	開始位置のセルから終了位置のセルまでドラッグ
行	行の左側をクリック（マウスポインターの形が ⬈ の状態）
複数行	行の左側をドラッグ（マウスポインターの形が ⬈ の状態）
列	列の上側をクリック（マウスポインターの形が ⬇ の状態）
複数列	列の上側をドラッグ（マウスポインターの形が ⬇ の状態）
複数の範囲 （離れた場所にある複数の範囲）	Ctrl を押しながら、範囲を選択
表全体	表内をポイントすると表の左上に表示される ⊞ （表の移動ハンドル）をクリック（マウスポインターの形が ⬈ の状態）

表のサイズ変更

表全体のサイズを変更するには、表内をポイントすると表の右下に表示される □ （表のサイズ変更ハンドル）をドラッグします。

表のサイズを変更すると、行の高さと列幅が均等な比率で変更されます。

2　行・列の挿入

必要に応じて行や列を挿入して、行数・列数を増やすことができます。

Let's Try　行の挿入

「管理職スキルアップ研修」の下に2行挿入し、文字を入力しましょう。

①表内をポイントします。

※表内であればどこでもかまいません。

②5行目と6行目の間の罫線の左側をポイントします。

罫線の左側に ⊕ が表示され、行と行の間の罫線が二重線になります。

③ ⊕ をクリックします。

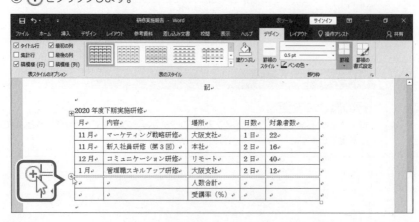

行が挿入されます。

④同様に、⊕をクリックし、行を挿入します。

⑤挿入した行に文字を入力します。

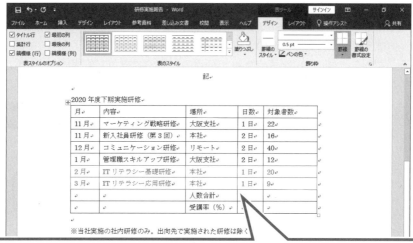

月	内容	場所	日数	対象者数	
11月	マーケティング戦略研修	大阪支社	1日	22	
11月	新入社員研修（第3回）	本社	2日	16	
12月	コミュニケーション研修	リモート	2日	40	
1月	管理職スキルアップ研修	大阪支社	2日	12	
2月	ITリテラシー基礎研修	本社	1日	20	
3月	ITリテラシー応用研修	本社	1日	9	

操作のポイント

行の挿入（その他の方法）

◆挿入する行にカーソルを移動→《表ツール》の《レイアウト》タブ→《行と列》グループの ⊞ （上に行を挿入）または ⊞ 下に行を挿入 （下に行を挿入）

◆挿入する行のセルを右クリック→《挿入》→《上に行を挿入》または《下に行を挿入》

1番上の行の挿入

表の一番上の罫線の左側をポイントしても ⊕ は表示されません。1行目より上に行を挿入するには、1行目にカーソルを移動→《表ツール》の《レイアウト》タブ→《行と列》グループの ⊞ （上に行を挿入）を使います。

一番下の行の挿入

表の最終セルにカーソルがある状態で Tab を押すと、行を追加できます。

Let's Try 列の挿入

「対象者数」の右に1列挿入し、1～4行目に文字を入力しましょう。

①表内をポイントします。

※表内であればどこでもかまいません。

②5列目の右側の罫線の上側をポイントします。

罫線の上側に ⊕ が表示され、5列目の右側の罫線が二重線になります。

③ ⊕ をクリックします。

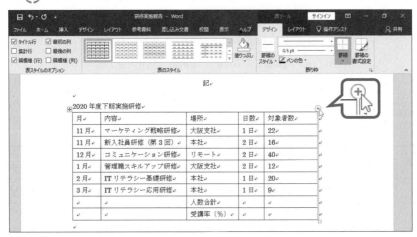

列が挿入されます。

※文字が折り返している列がある場合は、列幅を調整しておきましょう。

④文字を入力します。

操作のポイント

列の挿入（その他の方法）

◆挿入する列にカーソルを移動→《表ツール》の《レイアウト》タブ→《行と列》グループの
[左に列を挿入]（左に列を挿入）または[右に列を挿入]（右に列を挿入）

1番左の列の挿入

表の一番左の罫線の上側をポイントしても ⊕ は表示されません。1列目より左に列を挿入するには、1列目にカーソルを移動→《表ツール》の《レイアウト》タブ→《行と列》グループの
[左に列を挿入]（左に列を挿入）を使います。

行・列・表全体の削除

行や列、表全体を削除する方法は、次のとおりです。

◆削除する行・列・表全体を選択→[Back Space]

---

3 行の移動

行や列は、表の任意の位置に移動できます。

Let's Try 行の移動

「マーケティング戦略研修」の行を「新入社員研修（第3回）」の下の行に移動しましょう。

①2行目を選択します。

※行の左側をクリックします。

②《ホーム》タブを選択します。

③《クリップボード》グループの ✂ （切り取り）をクリックします。

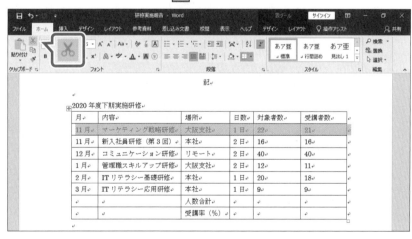

④3行1列目にカーソルを移動します。

⑤《クリップボード》グループの 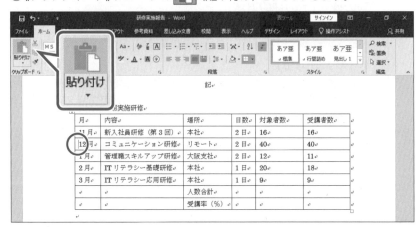 （貼り付け）をクリックします。

「マーケティング戦略研修」の行が移動されます。

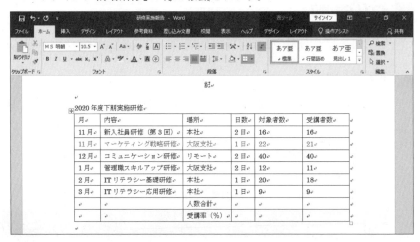

💡 **操作のポイント**

行と列のコピー

行または列は、表の任意の位置にコピーできます。

行または列をコピーする方法は、次のとおりです。

◆行または列を選択→《ホーム》タブ→《クリップボード》グループの 🔃 （コピー）→コピー先を
クリック→《クリップボード》グループの 🔃 （貼り付け）

第 1 章

第 2 章

第 3 章

第 4 章

第 5 章

第 6 章

第 7 章

第 8 章

模擬試験

付録

索引

4　セルの結合

隣り合った複数のセルをひとつのセルに結合できます。

Let's Try　セルの結合

人数合計と受講率（％）のセルを4列目のセルと結合して、それぞれひとつのセルにしましょう。また、受講率を表示する9行5～6列目のセルを結合しましょう。

①8行3～4列目のセルを選択します。

※8行3列目から8行4列目のセルをドラッグします。

②《表ツール》の《レイアウト》タブを選択します。

③《結合》グループの 田 セルの結合 （セルの結合）をクリックします。

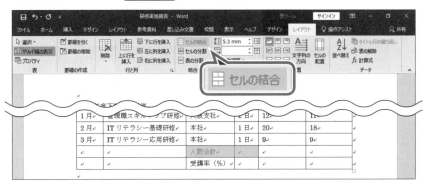

セルが結合されます。

④9行3～4列目のセルを選択します。

⑤ F4 を押します。

⑥同様に、9行5～6列目のセルを結合します。

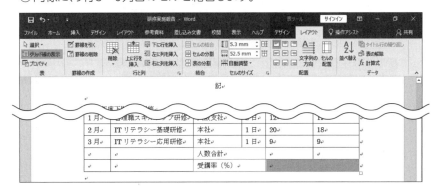

操作のポイント

その他の方法（セルの結合）

◆《表ツール》の《レイアウト》タブ→《罫線の作成》グループの 罫線の削除 （罫線の削除）→結合するセルの罫線をクリック

◆結合するセルを選択し、右クリック→《セルの結合》

セルの分割

ひとつまたは隣り合った複数のセルを指定した列数・行数に分割できます。

セルを分割する方法は、次のとおりです。

◆セルにカーソルを移動→《表ツール》の《レイアウト》タブ→《結合》グループの 田 セルの分割 （セルの分割）→《列数》と《行数》を指定

5　罫線の削除

表の罫線は、ドラッグして追加したり削除したりできます。

Let's Try 罫線の削除

人数合計と受講率（％）のセルの左側の罫線を削除しましょう。

①表内をクリックします。

②《表ツール》の《レイアウト》タブを選択します。

③《罫線の作成》グループの ▣ 罫線の削除 （罫線の削除）をクリックします。

マウスポインターの形が ◢ に変わります。

④図のようにドラッグします。

※ドラッグ中、マウスポインターの動きに合わせて選択した範囲が赤線で表示されます。赤線で表示された箇所の罫線が削除されます。

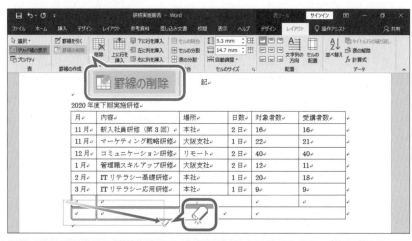

表の罫線が削除されます。

※ Esc を押して、罫線の削除を解除しておきましょう。

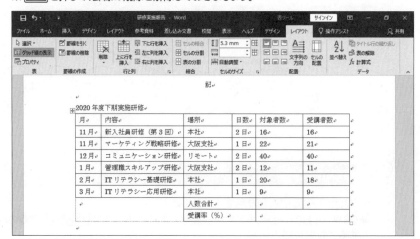

文字の配置

表に入力した文字は、セル内で左揃えの状態で表示されますが、水平方向や垂直方向に配置を変更したり、セルの幅に合わせて文字を配置したりできます。また、表全体の配置を変更することもできます。
ここでは、セル内の文字の配置、セル内の文字の均等割り付けについて説明します。

第1章
第2章
第3章
第4章
第5章
第6章
第7章
第8章
模擬試験
付録
索引

1 文字の配置の変更

セル内の文字は、水平方向や垂直方向の位置を調整できます。
セル内の文字の配置を設定するには、《表ツール》の《レイアウト》タブの《配置》グループの各ボタンを使います。

Let's Try 中央揃え

1行目の項目名、1列目の月を中央揃えに設定しましょう。

①1行目を選択します。
※行の左側をクリックします。
②《表ツール》の《レイアウト》タブを選択します。
③《配置》グループの 📧 (中央揃え)をクリックします。

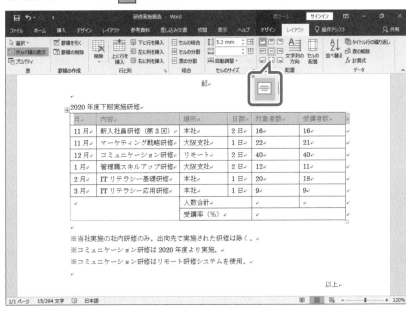

中央揃えになります。

※ボタンが濃い灰色になります。

④2〜7行1列目のセルを選択します。

※2行1列目から7行1列目のセルをドラッグします。

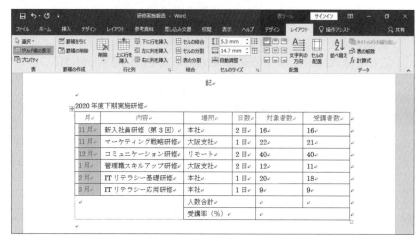

⑤ F4 を押します。

※選択を解除しておきましょう。

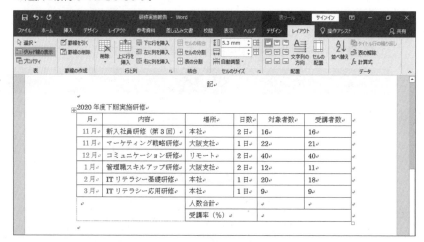

💡 **操作のポイント**

セル内の文字方向

セル内で文字の向きを横向きにしたり縦向きにしたりできます。

文字の向きを変更する方法は、次のとおりです。

◆セルを選択→《表ツール》の《レイアウト》タブ→《配置》グループの 🔲（文字列の方向）

Let's Try 中央揃え（右）

4列目の日数、5列目の対象者数、6列目の受講者数のセルをそれぞれ中央揃え（右）に設定しましょう。

① 2～7行4列目のセルを選択します。
※ 2～7行4列目のセルをドラッグします。
② 《表ツール》の《レイアウト》タブを選択します。
③ 《配置》グループの □ （中央揃え（右））をクリックします。

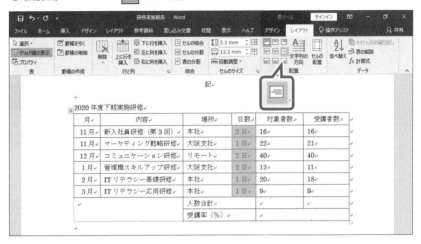

中央揃え（右）になります。
※ ボタンが濃い灰色になります。

④ 2行5列目から9行6列目のセルを選択します。
※ 2行5列目から9行6列目のセルをドラッグします。
⑤ F4 を押します。

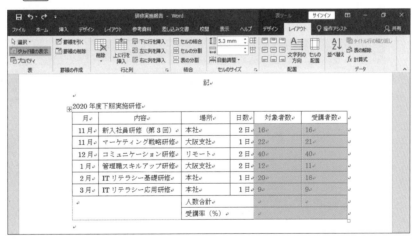

2 セルの幅に合わせた文字の配置の変更

《ホーム》タブの を使うと、セルの幅に合わせて文字を均等に配置できます。

Let's Try セル内の文字の均等割り付け

人数合計と受講率(%)のセルをセル内で均等に割り付けましょう。

①「人数合計」と「受講率(%)」のセルを選択します。
※「人数合計」と「受講率(%)」のセルをドラッグします。
②《ホーム》タブを選択します。
③《段落》グループの をクリックします。

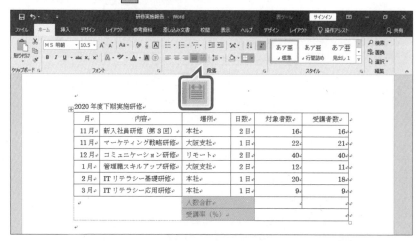

文字がセル内で均等に割り付けられます。
※ボタンが濃い灰色になります。
※選択を解除しておきましょう。

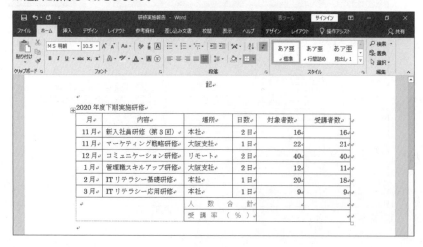

表の書式設定

表の一部のセルを塗りつぶしたり、罫線の種類を変更したりして、メリハリのある表を作成できます。
ここでは、セルの塗りつぶし、罫線の種類の変更方法について説明します。

第1章

第2章

第3章

第4章

第5章

第6章

第7章

第8章

模擬試験

付録

索引

1　セルの塗りつぶし

表内のセルに色を塗って強調できます。

Let's Try セルの塗りつぶし

1行目のセルに「白、背景1、黒+基本色15%」の塗りつぶしを設定しましょう。

①1行目を選択します。
※行の左側をクリックします。
②《表ツール》の《デザイン》タブを選択します。
③《表のスタイル》グループの （塗りつぶし）の をクリックします。
④《テーマの色》の《白、背景1、黒+基本色15%》をクリックします。
※一覧をポイントすると、設定後のイメージを画面で確認できます。

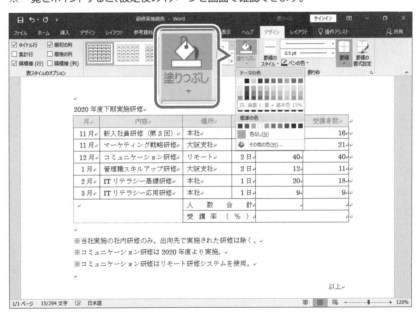

1行目に塗りつぶしが設定されます。

2 罫線の種類の変更

《表ツール》の《デザイン》タブの《飾り枠》グループを使うと、表の罫線の種類や太さ、色などを自由に変更できます。

Let's Try 罫線の種類の変更

7行目の下の罫線を二重線に変更しましょう。

①7行目を選択します。
※行の左側を選択します。
②《表ツール》の《デザイン》タブを選択します。
③《飾り枠》グループの　━━━━━━━▼（ペンのスタイル）の▼をクリックします。
④《═══════》をクリックします。
⑤《飾り枠》グループの　0.5 pt ━━━▼（ペンの太さ）の▼をクリックします。
⑥《0.5pt》を選択します。
⑦《飾り枠》グループの　(罫線)の 罫線▼ をクリックします。
⑧《下罫線》をクリックします。
※一覧をポイントすると、設定後のイメージを画面で確認できます。

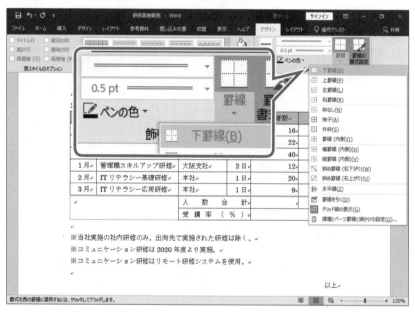

罫線の種類が変更されます。

 **操作のポイント**

罫線の設定
罫線を設定できるのはセルの上下左右および斜線です。
　(罫線)の 罫線▼ をクリックすると、よく使う罫線のパターンがあらかじめ用意されています。

表内の数値の計算

Wordにも簡単な計算機能があり、関数を使ってセルの数値の合計や平均などの計算を行うことができます。
ここでは、合計と除算を使った計算式の入力、計算結果の更新方法について説明します。

1 計算式の入力

計算式を入力するには、 f_x 計算式 （計算式）を使います。
Wordで使用できる関数のうち主な関数は、次のとおりです。

関数名	機能
AVERAGE	平均を求める
COUNT	数を計算する
MAX	最大値を返す
MIN	最小値を返す
SUM	合計を求める

Let's Try 計算式の入力（数値の合計）

表に計算式を入力して、対象者数と受講者数の合計を求めましょう。

①「対象者数」の「人数合計」のセルにカーソルを移動します。
②《表ツール》の《レイアウト》タブを選択します。
③《データ》グループの f_x 計算式 （計算式）をクリックします。
※《データ》グループが表示されていない場合は、 （表のデータ）をクリックします。

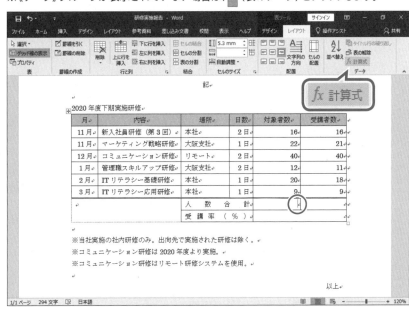

《計算式》ダイアログボックスが表示されます。

④《計算式》が「=SUM（ABOVE）」になっていることを確認します。

⑤《OK》をクリックします。

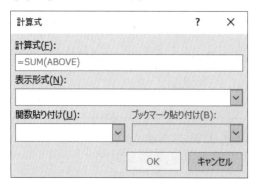

対象者数の合計が求められます。

⑥「受講者数」の「人数合計」のセルにカーソルを移動します。

⑦ F4 を押します。

受講者数の合計が求められます。

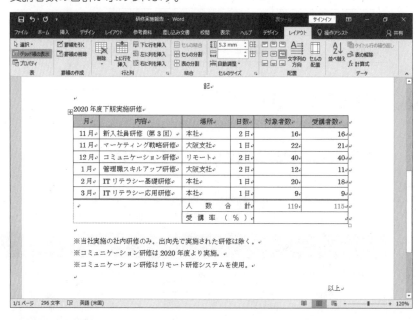

操作のポイント

セル範囲の表記

fx 計算式 （計算式）をクリックすると、自動的に「=SUM（ABOVE）」という計算式が作成され、カーソルのあるセルを基準に上方向の数値を合計します。上方向以外の数値を計算したいときは、カッコ内を編集します。

カーソルのあるセルを基準に、連続した上下左右のセル範囲を示す表記は、次のとおりです。

上	ABOVE
下	BELOW
左	LEFT
右	RIGHT

Let's Try 計算式の入力（数値の除算）

表に計算式を入力して、受講率を求めましょう。受講率は「**受講者数÷対象者数×100**」で求めます。

①「受講率（％）」の右のセルにカーソルを移動します。

②《表ツール》の《レイアウト》タブを選択します。

③《データ》グループの [fx 計算式] （計算式）をクリックします。

※《データ》グループが表示されていない場合は、[表のデータ]（表のデータ）をクリックします。

④《計算式》に「**=D8／C8＊100**」と入力します。

※計算式は半角で入力します。

⑤《OK》をクリックします。

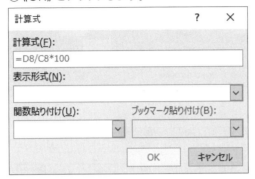

受講率（％）求められます。

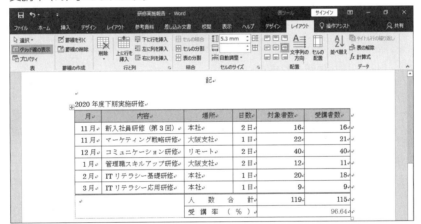

💡 **操作のポイント**

計算式

計算式のセルの指定方法や四則演算の記号（＋−＊/）は、Excelと同じです。列番号は左の列から「A,B,C…」、行番号は上の行から「1,2,3,…」と数え、行列の組合せでセルの場所を表現します。この表のように、罫線を削除したりセルを結合したりしている場合は、次のように列番号を数えます。

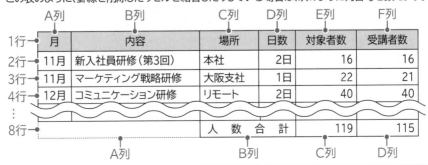

第1章
第2章
第3章
第4章
第5章
第6章
第7章
第8章
模擬試験
付録
索引

2　計算結果の更新

計算式を作成したあとで数値を変更しても、自動的に再計算されません。計算結果を更新するには、F9 を押します。

Let's Try　計算結果の更新

「ITリテラシー基礎研修」の受講者数を「19」に変更して、受講率を更新しましょう。

①「ITリテラシー基礎研修」の「受講者数」を「19」に変更します。
②「受講者数」の「人数合計」のセルの数値をクリックします。
③ F9 を押します。

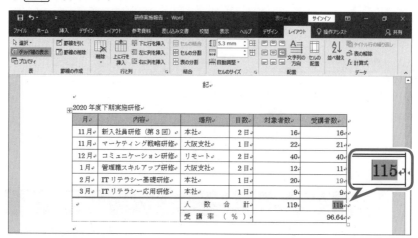

計算結果が更新されます。
④同様に、「受講率（%）」の右のセルも更新します。

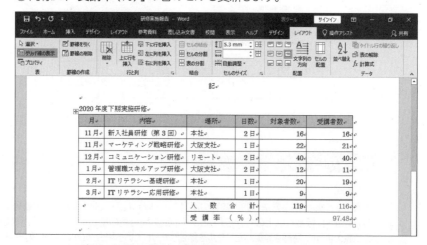

※ファイルに「研修実施報告完成」と名前を付けて、フォルダー「第7章」に保存し、閉じておきましょう。

操作のポイント

その他の方法（計算結果の更新）
◆計算結果を右クリック→《フィールド更新》

実技科目

次の操作を行い、文書を作成しましょう。

フォルダー「第7章」のファイル「実施報告」を開いておきましょう。

❶「セミナー集客実績」の表の2列目に「**開催回数（回）**」の項目を追加しましょう。

❷「セミナー集客実績」の表の追加した項目に次の回数を追加しましょう。列数・列幅は、必要に応じて変更すること。

```
8
10
8
```

❸「売上実績」の表に合計を記入する行を追加し、項目名を中央に配置しましょう。

❹「売上実績」の表の達成率の合計のセルに右上がりの斜線を引きましょう。

❺「売上実績」の表と「セミナー集客実績」の表の合計を記入しましょう。

❻「売上実績」の表と「セミナー集客実績」の表の「**合計**」の上の線を二重線に変更しましょう。

❼「売上実績」の表と「セミナー集客実績」の表の外枠を太線にしましょう。

❽「売上実績」の表と「セミナー集客実績」の表の1行目の項目名に網をかけましょう。

❾A4判用紙1枚に出力できるようにレイアウトしましょう。

❿作成したファイルは「ドキュメント」内のフォルダー「**日商PC 文書作成3級 Word2019／2016**」内のフォルダー「第7章」に「**夏の大感謝祭実施報告**」として保存しましょう。

第1章

第2章

第3章

第4章

第5章

第6章

第7章

第8章

模擬試験

付録

索引

2021 年 9 月 7 日

営業部長　加藤様
営業部営業課長　森田様

営業部営業課　金子裕美

夏の大感謝祭実施報告

標題の件、下記のとおり報告します。

1. 件名：夏の大感謝祭「夏休み！親子で家庭菜園」

2. 受付期間：2021 年 8 月 1 日（日）〜8 月 31 日（火）

3. 売上実績：

ガーデン用品	売上目標（万円）	売上実績（万円）	達成率（%）
プランター	62	64	103
スコップ	17	19	112
三本クワ	50	55	110
移植ごて	21	27	129
じょうろ	25	20	80
園芸バサミ	33	31	94

4. セミナー集客実績：

セミナー名	参加家族（世帯）	参加人数（人）
はじめての小松菜づくり	139	422
はじめてのじゃがいもづくり	182	509
はじめてのカリフラワーづくり	140	435
合計		

5. 所感：
 ・夏休み期間中につき、子供の自由研究を目的に参加される親子が多かった。
 ・実際にセミナーを受講したことで、家庭菜園の気軽さや楽しさを理解できたという評価が
　多かった。
 ・セミナーで使用した商品は購入に直結した。

6. 添付資料：
 ・集客用ちらし
 ・セミナー受講者アンケート

以上

第8章
図形のある
ビジネス文書の作成

作成する文書の確認

この章で作成する文書を確認します。

1　作成する文書の確認

次のようなWordの機能を使って、図形のあるビジネス文書を作成します。

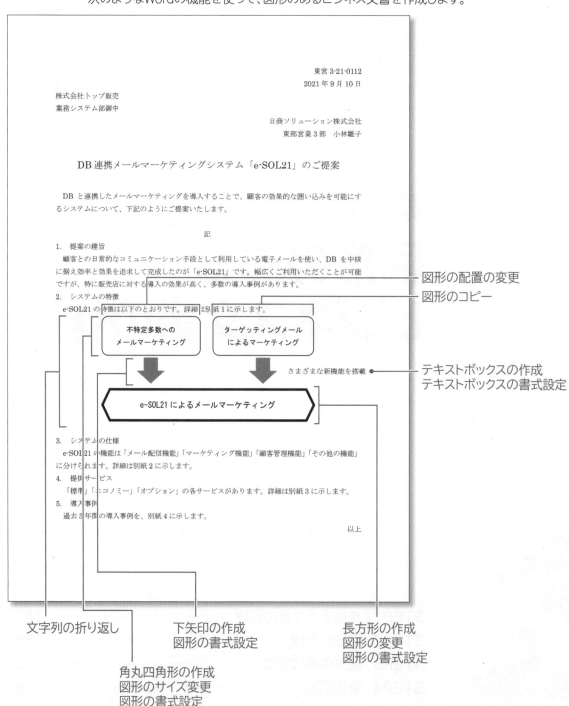

文字列の折り返し

下矢印の作成
図形の書式設定

長方形の作成
図形の変更
図形の書式設定

角丸四角形の作成
図形のサイズ変更
図形の書式設定

図形の配置の変更

図形のコピー

テキストボックスの作成
テキストボックスの書式設定

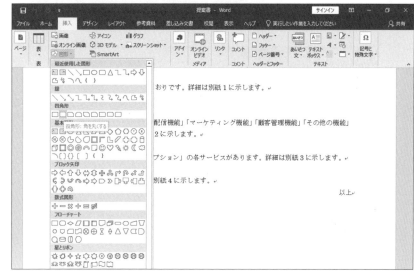

第1章

第2章

第3章

第4章

第5章

第6章

第7章

第8章

模擬試験

付録

索引

STEP
2

図形の作成

Wordでは、ドラッグ操作だけでいろいろな図形を簡単に作成できます。図形は、線や基本図形、四角形、ブロック矢印などに分類されており、目的に合わせて種類を選択できます。また、文字を入力したり、図形を組み合せて図解を作成したりすることもできます。
ここでは、角丸四角形や下矢印、長方形、テキストボックスを作成し、それぞれの図形に対して図形のサイズ変更や文字列の折り返し、図形の配置、図形のコピー、図形の変更を行う方法を説明します。

1 角丸四角形の作成

「角丸四角形」は、長方形のそれぞれの角が丸くなっている四角形です。ドラッグする向きや長さで縦方向に長くしたり、横方向に長くしたりできます。

❶ 角丸四角形の作成

角丸四角形を作成する場合は □ (四角形：角を丸くする)または、□ (角丸四角形)を使います。

Let's Try 角丸四角形の作成

「e-SOL21の特徴は以下のとおりです。…」の下の行に角丸四角形を作成して、図形内に「不特定多数へのメールマーケティング」の文字を入力しましょう。

OPEN フォルダー「第8章」のファイル「提案書」を開いておきましょう。

①「e-SOL21の特徴は以下のとおりです。…」の下の行を表示します。
②《挿入》タブを選択します。
③《図》グループの 図形 ▼ (図形の作成)をクリックします。
④ **2019**
《四角形》の □ (四角形：角を丸くする)をクリックします。
2016
《四角形》の □ (角丸四角形)をクリックします。
※お使いの環境によっては、「角丸四角形」が「四角形：角を丸くする」と表示されることがあります。

マウスポインターの形が╋に変わります。

⑤図のように、角丸四角形の始点から終点へドラッグします。

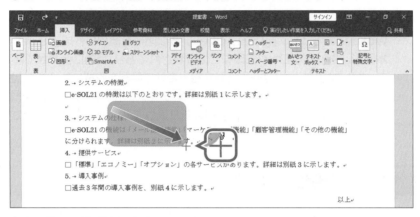

角丸四角形が作成されます。

⑥角丸四角形が選択されていることを確認します。

⑦図のように入力します。

※ ↵で Enter を押して改行します。

⑧角丸四角形以外の場所をクリックし、入力を確定します。

操作のポイント

Shift の利用

角丸四角形は Shift を押しながらドラッグすると、縦と横のサイズが同じになります。正方形/長方形の場合は Shift を押しながらドラッグすると、正方形になります。円/楕円の場合は Shift を押しながらドラッグすると、真円になります。

図形への文字の入力

図形を選択して文字を入力すると、図形に文字を追加できます。

図形の削除

図形を削除する方法は、次のとおりです。

◆図形を選択→ Delete

❷ 図形のサイズ変更

図形のサイズを変更するには、図形を選択し、周囲に表示される〇（ハンドル）をドラッグします。

Let's Try ### 角丸四角形のサイズ変更

角丸四角形のサイズを大きくしましょう。

①角丸四角形をクリックします。

図形が選択されます。

②角丸四角形の右下の〇（ハンドル）をポイントします。

マウスポインターの形が◥に変わります。

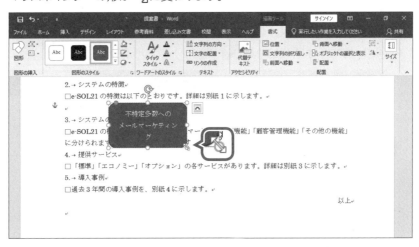

③図のように図形内の文字が表示されるようにドラッグします。

ドラッグ中、マウスポインターの形が╋に変わります。

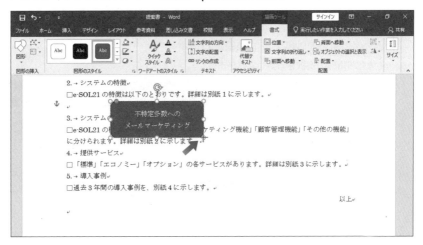

角丸四角形のサイズが変更されます。

操作のポイント

図形の移動
図形を移動する場合は、図形の枠線をポイントし、マウスポインターの形が⊹に変わったらドラッグします。

❸ 文字列の折り返し

図形を作成すると、図形の右側に 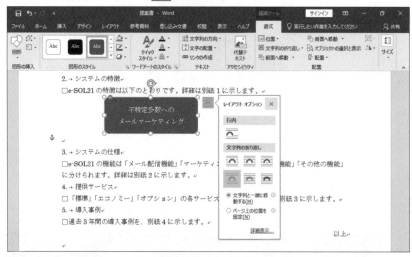（レイアウトオプション）が表示されます。◫（レイアウトオプション）では、図形と文字をどのように配置するかを設定できます。

図形を作成した直後は、文字列の折り返しは「**前面**」になっており、文字と図形が重なって配置されます。

Let's Try 文字列の折り返し

角丸四角形の文字列の折り返しを「**上下**」に変更し、図形の上下に文字が配置されるようにしましょう。

① 角丸四角形をクリックします。

② ◫（レイアウトオプション）をクリックします。

③《**文字列の折り返し**》の ◫（上下）をクリックします。

④《**レイアウトオプション**》の ✕（閉じる）をクリックします。

文字列の折り返しが上下に変更されます。

※角丸四角形の選択を解除しておきましょう。

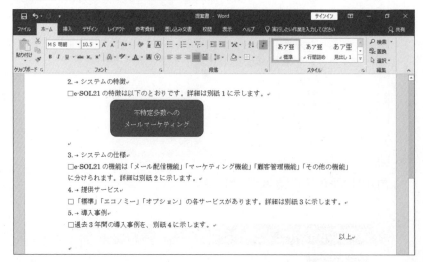

文字列の折り返し

文字列の折り返しには、次のようなものがあります。

●行内

文字と同じ扱いで図形が挿入されます。1行の中に文字と図形が配置されます。

●四角形

●狭く

●内部

文字が図形の周囲に回り込んで配置されます。

●上下

文字が行単位で図形を避けて配置されます。

●背面

文字の背面に図形が重なって配置されます。

●前面

文字の前面に図形が重なって配置されます。

その他の方法（文字列の折り返し）

◆図形を選択→《書式》タブ→《配置》グループの 文字列の折り返し （文字列の折り返し）

第1章

第2章

第3章

第4章

第5章

第6章

第7章

第8章

模擬試験

付録

索引

2　矢印の作成

矢印には、よく使われる下向きや右向きの矢印などのほかに、吹き出しの付いた矢印や、カーブした矢印など、さまざまな種類があります。

❶ 下矢印の作成

下矢印を作成する場合は ⬇ （矢印：下）または、⬇ （下矢印）を使います。

Let's Try　下矢印の作成

角丸四角形の下に下矢印を作成し、文字列の折り返しを「上下」に変更しましょう。

①《挿入》タブを選択します。

②《図》グループの ⬡ 図形▾ （図形の作成）をクリックします。

③ **2019**

《ブロック矢印》の ⬇ （矢印：下）をクリックします。

2016

《ブロック矢印》の ⬇ （下矢印）をクリックします。

※お使いの環境によっては、「下矢印」が「矢印：下」と表示されることがあります。

マウスポインターの形が ✛ に変わります。

④図のように、下矢印の始点から終点へドラッグします。

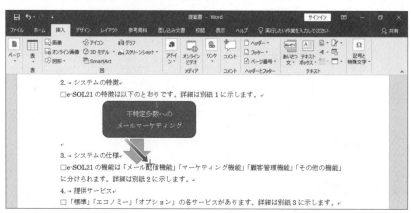

下矢印が作成されます。

⑤ 🖼 （レイアウトオプション）をクリックします。

⑥《文字列の折り返し》の 🔲 （上下）をクリックします。

⑦《レイアウトオプション》の ✕ （閉じる）をクリックします。

文字列の折り返しが上下に変更されます。

※下矢印の選択を解除しておきましょう。

操作のポイント

矢印の調整

矢印には、黄色の〇（ハンドル）が付いています。このハンドルをドラッグすると、矢の角度や軸の太さを変更できます。

❷ 図形の配置

📐 配置 ▾ （オブジェクトの配置）を使うと、選択した図形を用紙内のどこに配置するか変更できます。複数の図形を選択してから 📐 配置 ▾ （オブジェクトの配置）を使うと、複数の図形の位置を等間隔にそろえたり、中心でそろえたりすることができます。

Let's Try 図形の配置

角丸四角形と下矢印を左右中央でそろえましょう。

① 角丸四角形をクリックします。
② [Shift] を押しながら、下矢印をクリックします。
※ [Shift] を押しながら2つ目以降の図形を選択すると、複数の図形を選択できます。
③ 《書式》タブを選択します。
④ 《配置》グループの 📐 配置 ▾ （オブジェクトの配置）をクリックします。
⑤ 《左右中央揃え》をクリックします。

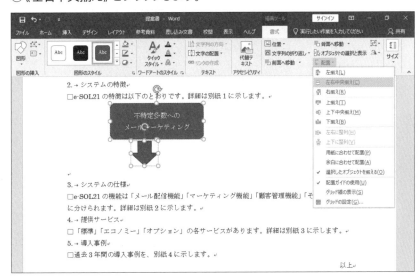

2つの図形が左右中央でそろえられます。

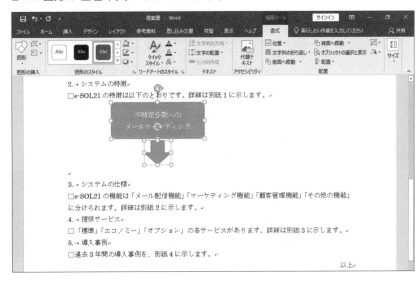

❸ 図形のコピー

図形をコピーするには、Ctrl を押しながら図形の枠線をドラッグします。

Let's Try 図形のコピー

角丸四角形と下矢印を右方向にコピーしましょう。コピーした角丸四角形の文字を、「ターゲッティングメールによるマーケティング」に修正します。

①角丸四角形と下矢印が選択されていることを確認します。

②図のように、Ctrl と Shift を同時に押しながら、図形の枠線を右方向にドラッグします。

※Shift を押しながらドラッグすると、垂直方向または水平方向に配置できます。

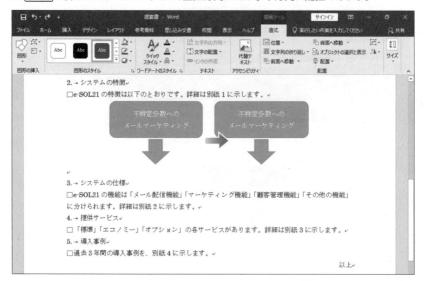

角丸四角形と下矢印が水平方向にコピーされます。

③コピーした角丸四角形の文字上をクリックし、カーソルを表示します。

④図のように編集します。

※ ↵ で Enter を押して改行します。

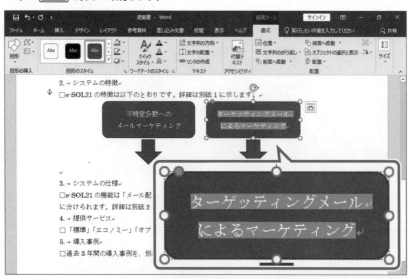

※角丸四角形と下矢印の選択を解除しておきましょう。

3　長方形の作成

長方形は、ドラッグする向きや長さで縦方向に長くしたり、横方向に長くしたりできます。

1 長方形の作成

長方形を作成する場合は、□ (正方形/長方形) を使います。

Let's Try　長方形の作成

下矢印の下に長方形を作成して、長方形内に「e-SOL21によるメールマーケティング」の文字を入力しましょう。次に、文字列の折り返しを「上下」に変更しましょう。

①《挿入》タブを選択します。

②《図》グループの ⤴図形▾ (図形の作成) をクリックします。

③《四角形》の□ (正方形/長方形) をクリックします。

マウスポインターの形が十に変わります。

④長方形の始点から終点へドラッグします。

長方形が作成されます。

⑤長方形が選択されていることを確認します。

⑥「e-SOL21によるメールマーケティング」と入力します。

⑦ 🔲 (レイアウトオプション) をクリックします。

⑧《文字列の折り返し》の 🔲 (上下) をクリックします。

⑨《レイアウトオプション》の × (閉じる) をクリックします。

文字列の折り返しが上下に変更されます。

※長方形の選択を解除しておきましょう。

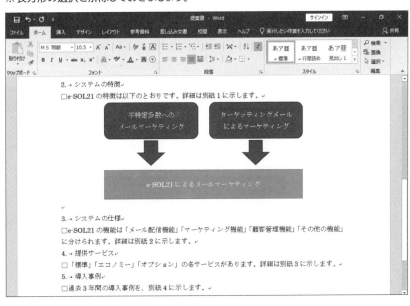

❷ 図形の変更

作成した図形は、あとから別の形に変更することができます。

Let's Try 図形の変更

長方形を「**六角形**」に変更しましょう。

① 長方形をクリックします。
② 《**書式**》タブを選択します。
③ 《**図形の挿入**》グループの [アイコン] (図形の編集) をクリックします。
④ 《**図形の変更**》をポイントします。
⑤ 《**基本図形**》の [アイコン] (六角形) をクリックします。

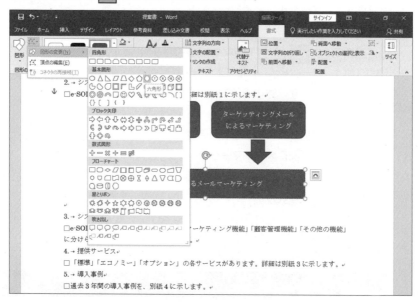

図形が変更されます。
※ 六角形の選択を解除しておきましょう。

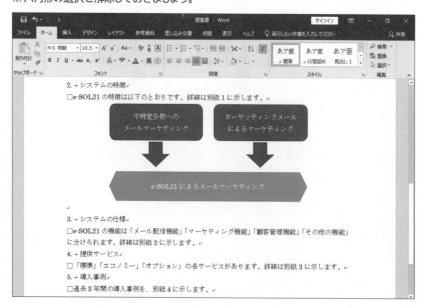

4　テキストボックスの作成

テキストボックスを使うと、ページ内の任意の位置に文字を配置できます。テキストボックスには横書きと縦書きの2種類があり、目的に合わせて文字を配置できます。

Let's Try　横書きテキストボックスの作成

矢印の右側に「**横書きテキストボックス**」を作成して、テキストボックス内に「**さまざまな新機能を搭載**」と入力しましょう。

①《**挿入**》タブを選択します。

②《**テキスト**》グループの〔テキストボックス〕（テキストボックスの選択）をクリックします。

③《**横書きテキストボックスの描画**》をクリックします。

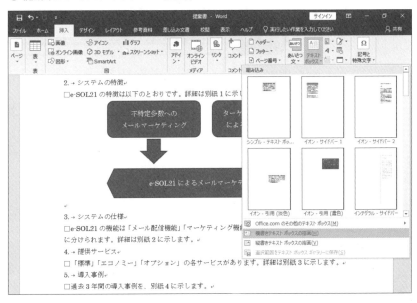

マウスポインターの形が**＋**に変わります。

④図のように、テキストボックスの始点から終点へドラッグします。

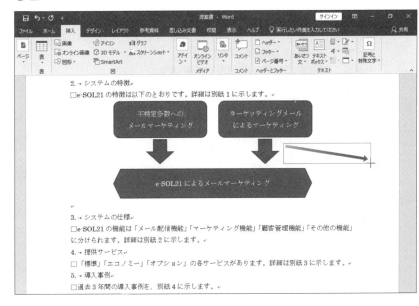

テキストボックスが作成されます。

⑤テキストボックス内にカーソルがあることを確認します。

⑥図のように入力します。

※テキストボックスにすべての文字が表示されていない場合は、テキストボックスの○（ハンドル）をドラッグして、サイズを調整しておきましょう。

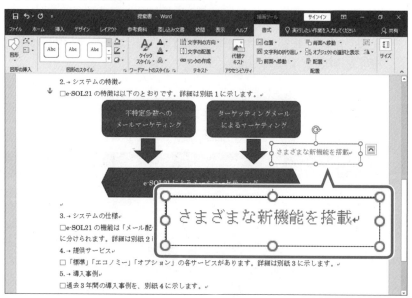

⑦テキストボックス以外の場所をクリックし、入力を確定します。

操作のポイント

文字列の方向

テキストボックスに表示する文字の方向は、テキストボックスを作成したあとでも変更できます。文字列の方向を変更する方法は、次のとおりです。

◆テキストボックスを選択→《書式》タブ→《テキスト》グループの　文字列の方向 ▾ （文字列の方向）→一覧から選択

テキストボックスの利用

角丸四角形や長方形などの図形にも文字を入力できますが、長い文章や、任意の位置に文章だけを配置したいときにはテキストボックスが適しています。文章だけを配置したいときには、テキストボックスの枠線を非表示にします。

※枠線の非表示については、P.205で解説します。

図形の書式設定

図形にはあらかじめ書式が設定されていますが、塗りつぶしや枠線などのスタイルを設定したり、影やぼかし、3-D（立体）などの効果を設定したりできます。
ここでは、作成した図形の枠線の色や太さ、塗りつぶしなどのスタイルを設定したり、図形内のフォントサイズやフォントを設定する方法を説明します。

1 図形の書式設定

図形の書式は、《書式》タブの《図形のスタイル》グループで設定します。

Let's Try 角丸四角形の書式設定

2つの角丸四角形に、次の書式を設定しましょう。

> 図形のスタイル：枠線のみ－黒、濃色1
> フォント　　　　：MSゴシック

①1つ目の角丸四角形を選択します。

②Shiftを押しながら、2つ目の角丸四角形をクリックします。

※Shiftを押しながら2つ目以降の図形を選択すると、複数の図形を選択できます。

③《書式》タブを選択します。

④《図形のスタイル》グループの ▼ （その他）をクリックします。

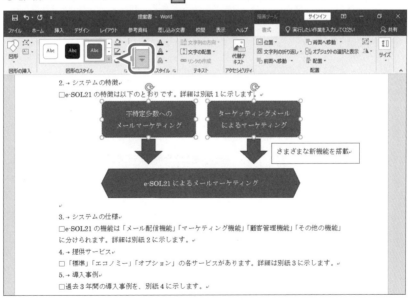

⑤《テーマスタイル》の《枠線のみ－黒、濃色1》をクリックします。

※一覧をポイントすると、設定後のイメージを画面で確認できます。

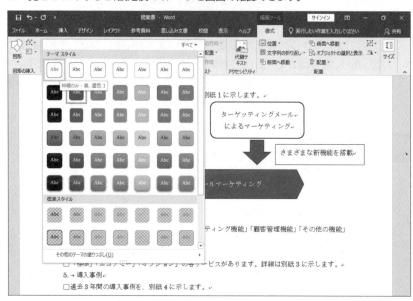

図形のスタイルが設定されます。

フォントを設定します。

⑥《ホーム》タブを選択します。

⑦《フォント》グループの MS 明朝 （フォント）の をクリックし、一覧から《MSゴシック》を選択します。

※一覧をポイントすると、設定後のイメージを画面で確認できます。

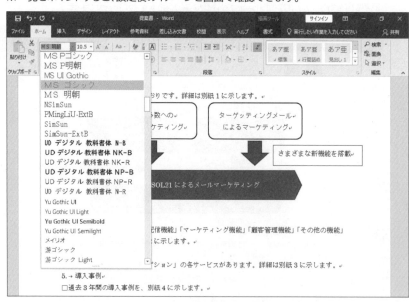

フォントが設定されます。

第1章

第2章

第3章

第4章

第5章

第6章

第7章

第8章

模擬試験

付録

索引

操作のポイント

図形内の文字の配置

図形内の文字は、初期の設定で、左右中央、上下中央に設定されています。

左右の配置を変更する場合は、《ホーム》タブ→《段落》グループの ≣ (左揃え)、≣ (中央揃え)、≣ (右揃え)、≣ (両端揃え)を使います。

上下の配置を変更する場合は、《書式》タブ→《テキスト》グループの 文字の配置▼ (文字の配置)で設定します。

図形内の文字の書式設定

図形内の一部の文字の書式を変更する場合は、図形上で対象となる文字を選択して操作します。

図形内のすべての文字の書式を変更する場合は、図形全体を選択して操作します。図形全体を選択するには、図形の周囲の枠線をクリックします。

●図形全体の選択

実線で表示される

ターゲッティング

によるマーケティ

●図形内の一部の文字を選択

点線で表示される

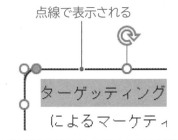

ターゲッティング

によるマーケティ

Let's Try　下矢印の書式設定

2つの下矢印に、次の書式を設定しましょう。

図形の塗りつぶし：黒、テキスト1、白+基本色50%
図形の枠線　　　：枠線なし

①1つ目の下矢印をクリックします。

②[Shift]を押しながら、2つ目の下矢印をクリックします。

※[Shift]を押しながら2つ目以降の図形を選択すると、複数の図形を選択できます。

③《書式》タブを選択します。

④《図形のスタイル》グループの ▲▼ (図形の塗りつぶし)の ▼ をクリックします。

⑤《テーマの色》の《黒、テキスト1、白+基本色50%》をクリックします。

※一覧をポイントすると、設定後のイメージを画面で確認できます。

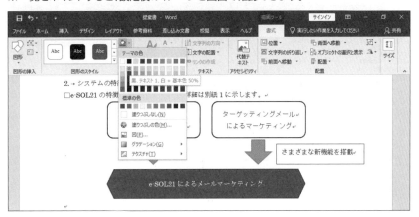

図形が塗りつぶされます。

枠線を設定します。

⑥《図形のスタイル》グループの ✐▾ （図形の枠線）の ▾ をクリックします。

⑦ **2019**

《枠線なし》をクリックします。

2016

《線なし》をクリックします。

※お使いの環境によっては、「線なし」が「枠線なし」と表示されることがあります。

※一覧をポイントすると、設定後のイメージを画面で確認できます。

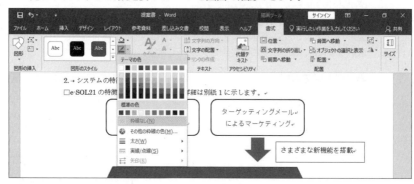

枠線が非表示になります。

Let's Try ## 六角形の書式設定

六角形に、次の書式を設定しましょう。

図形のスタイル ：枠線のみ－黒、濃色1	フォント　　　　：MSゴシック
枠線の太さ　　：3.5pt	フォントサイズ　：12ポイント

①六角形をクリックします。

②《書式》タブを選択します。

③《図形のスタイル》グループの ▾ （その他）をクリックします。

④《テーマスタイル》の《枠線のみ－黒、濃色1》をクリックします。

図形のスタイルが設定されます。

枠線の太さを設定します。

⑤《図形のスタイル》グループの ✐▾ （図形の枠線）の ▾ をクリックします。

⑥《太さ》をポイントします。

⑦《その他の線》をクリックします。

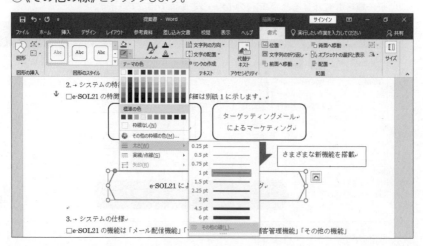

《図形の書式設定》作業ウィンドウが表示されます。

⑧《線》の詳細が表示されていることを確認します。

⑨《幅》を「3.5pt」に設定します。

⑩《図形の書式設定》作業ウィンドウの ✕ （閉じる）をクリックします。

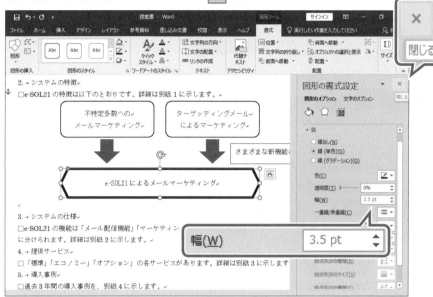

枠線の太さが設定されます。

フォントを設定します。

⑪《ホーム》タブを選択します。

⑫《フォント》グループの 　　　　　 ▾ （フォント）の ▾ をクリックし、一覧から《MSゴシック》を選択します。

※一覧をポイントすると、設定後のイメージを画面で確認できます。

フォントが設定されます。

フォントサイズを設定します。

⑬《フォント》グループの 10.5 ▾ （フォントサイズ）の ▾ をクリックし、一覧から《12》を選択します。

※一覧をポイントすると、設定後のイメージを画面で確認できます。

フォントサイズが設定されます。

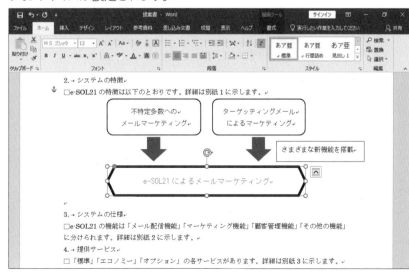

第1章

第2章

第3章

第4章

第5章

第6章

第7章

第8章

模擬試験

付録

索引

2 テキストボックスの書式設定

テキストボックスの書式も図形と同様に、《書式》タブで設定します。
塗りつぶしや枠線をなしに設定して文字だけの表示にしたり、逆に塗りつぶしや枠線を強調して目立たせたりすることができます。

Let's Try テキストボックスの書式設定

テキストボックスに、次の書式を設定しましょう。

> 図形の枠線：枠線なし

①テキストボックスをクリックします。

②《書式》タブを選択します。

③《図形のスタイル》グループの ✎▾ （図形の枠線）の ▾ をクリックします。

④ 2019

《枠線なし》をクリックします。

2016

《線なし》をクリックします。

※お使いの環境によっては、「線なし」が「枠線なし」と表示されることがあります。

※一覧をポイントすると、設定後のイメージを画面で確認できます。

枠線が非表示になります。

※テキストボックスの選択を解除しておきましょう。

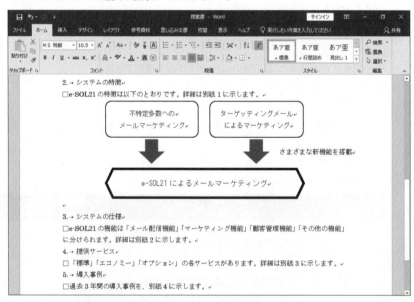

※ファイルに「提案書完成」と名前を付けて、フォルダー「第8章」に保存し、閉じておきましょう。

STEP
4

確認問題

解答 ▶ 別冊P.9

第1章
第2章
第3章
第4章
第5章
第6章
第7章
第8章
模擬試験
付録
索引

実技科目

次の操作を行い、文書を作成しましょう。

フォルダー「第8章」のファイル「ALOHAポイント倶楽部のご案内」を開いておきましょう。

❶ ポイントステージの表にある図形内の文字「2倍」を「ポイント2倍」に修正し、文字サイズを8ポイント、書体をゴシック体にしましょう。

❷ 「ポイント2倍」の図形の形を「矢印：五方向」または「ホームベース」に変更しましょう。

❸ 「ポイント2倍」の図形の枠を太くし、文字が見やすいように薄い網かけに変更しましょう。

❹ 「ポイント2倍」の図形をコピーして下に3個追加し、図形内の文字を次のように修正しましょう。図形の大きさは必要に応じて変更すること。

> ポイント3倍
> ポイント4倍
> ポイント5倍

❺ 「VIP特典」のゴールドランクからダイヤモンドランクの3つのマス目に合わせて、テキストボックスを作成しましょう。テキストボックス内には縦書きで次の文字を追加し、文字を中央に配置、書体をゴシック体にすること。

> お誕生月に誕生日ポイント

❻ テキストボックスの枠を1.5ポイントに太くし、枠内に網をかけましょう。

❼ A4判用紙1枚に出力できるようにレイアウトしましょう。

❽ 作成したファイルは「ドキュメント」内のフォルダー「日商PC 文書作成3級 Word2019／2016」内のフォルダー「第8章」に「ALOHAポイント倶楽部のご案内（完成）」として保存しましょう。

2021 年 3 月吉日

お客様各位

株式会社アロハファッション

「ALOHA ポイント倶楽部」のご案内

拝啓　時下ますますご清栄のこととお喜び申し上げます。
　平素は、弊社の通信販売サイト「ALOHA モール」をご利用いただきまして誠にありがとうございます。
　さて、このたび弊社では、お買い上げ時にポイントを付与する「ALOHA ポイント倶楽部」を導入することになりました。「ALOHA ポイント倶楽部」では、年間のご購入金額に応じて、有効期限なしのポイントを還元いたします。詳しくは、同封のパンフレットをご高覧くださいますようお願い申し上げます。
　今後とも末永くご愛顧賜りますよう、お願い申し上げます。

敬具

記

1.　導入開始日時：4 月 1 日（木）10 時より

2.　ポイントステージ

年間購入金額	ランク	還元ポイント				VIP 特典
3～5 万円未満	シルバー	2倍				
5～10 万円未満	ゴールド					
10～15 万円未満	プラチナ					
15 万円以上	ダイヤモンド					

※通常ご購入金額 200 円（税別）ごとに 1 ポイント付与します。
※ALOHA ポイントは、1 ポイント＝1 円として、次回以降のお買い物に利用できます。
※4 月 1 日（木）10 時以前のご注文分についてはポイント付与対象になりません。
※消費税、送料、返品、取り消した商品の金額は、ご購入金額には含みません。

3.　同封書類
　　パンフレット「ALOHA ポイント倶楽部」　　1 部

以上

Challenge

模擬試験

模擬試験 問題

解答 ▶ 別冊P.11

本試験は、試験プログラムを使ったネット試験です。
本書の模擬試験は、試験プログラムを使わずに操作します。

知識科目

試験時間の目安：5分

本試験の知識科目は、文書作成分野と共通分野から出題されます。
本書では、文書作成分野の問題のみを取り扱っています。共通分野の問題は含まれません。

■ **問題 1** 社内文書と社外文書が正しく分類されているのはどれですか。次の中から選びなさい。

1

照会状	社外文書
督促状	社外文書
稟議書	社外文書
上申書	社内文書
規則書	社内文書
協約書	社内文書

2

照会状	社外文書
督促状	社外文書
稟議書	社内文書
上申書	社内文書
規則書	社内文書
協約書	社内文書

3

照会状	社外文書
督促状	社外文書
稟議書	社外文書
上申書	社外文書
規則書	社内文書
協約書	社内文書

■ **問題 2** 議事録に、必要に応じて記載すればよいものはどれですか。次の中から選びなさい。

1 会議の日付・場所

2 議題

3 欠席者

■ **問題 3** 会議開催を伝える電子メールの文として適切なものはどれですか。次の中から選びなさい。

1 7月1日（木）に本館C会議室で、7月度全社QAの取り組みについて13時から14時まで会議を開催します。

2 次のように会議を開催します。
  日　時：7月1日（木）13:00～14:00
  場　所：本館C会議室
  テーマ：7月度全社QAの取り組み

3 会議開催のお知らせです。①7月1日（木）に、②本館C会議室で、③7月度全社QAの取り組みについて、④13時から14時まで開催します。

■ **問題 4** 「時下」の使い方が正しいのはどれですか。次の中から選びなさい。

1 時下、ますますご清栄のこととお喜び申し上げます。

2 時下、新春の候、ますますご清栄のこととお喜び申し上げます。

3 時下、寒さ厳しき折から、ますますご清栄のこととお喜び申し上げます。

■ **問題 5**　間違った敬語の使い方をしているのはどれですか。次の中から選びなさい。

1　この資料をご覧ください。

2　何なりと申してください。

3　お客様は新製品をお求めになりました。

■ **問題 6**　文書のライフサイクルを示すプロセスに含まれないものはどれですか。次の中から選びなさい。

1　保管

2　返信

3　伝達

■ **問題 7**　表内音訓を基準にした場合、使えない漢字はどれですか。次の中から選びなさい。

1　拡げる

2　分かる

3　遭う

■ **問題 8**　「仕事の緊急度」と「業績への影響」の2つの軸を使って表現した図解を何と呼びますか。次の中から選びなさい。

1　マトリックス型図解

2　フローチャート

3　スケジュール管理図

■ **問題 9**　読点の位置が適切な文はどれですか。次の中から選びなさい。

1　会議室を使用する場合は使用日の前日までに、電子メールで担当者に連絡してください。

2　会議室を使用する場合は使用日の前日までに電子メールで、担当者に連絡してください。

3　会議室を使用する場合は、使用日の前日までに電子メールで担当者に連絡してください。

■ **問題 10**　算用数字が適切に使われているのはどれですか。次の中から選びなさい。

1　この券売機は、500円玉が使えません。

2　庭に3色スミレが咲いています。

3　10人中6人が合格しました。

本試験の実技科目は、試験プログラムを使って出題されます。
本書では、試験プログラムを使わずに操作します。

あなたは株式会社日商自動車の営業部の社員です。
このたび上司である課長から販売店に送る特別試乗体験会の案内状を作成するよう指示がありました。

課長からの指示は以下のとおりです。指示に従って文書を作成し、所定の場所に保存してください。

※試験時間内に作業が終わらない場合は、終了時点の文書ファイルを指定されたファイル名で保存してから終了してください。保存された結果のみが採点対象となります。

案内状は、以前使用したファイル「ドキュメント」内のフォルダー「日商PC　文書作成3級Word2019／2016」内のフォルダー「模擬試験」にある「特別試乗体験会案内」をもとに、次の内容で作成すること。

❶発信日は、2021年3月1日とする。

❷発信者は、当社の営業部長が横山和也に変わったので修正する。

❸開催日は、今月の20日（土）とする。

❹標題は、「新型エコカー」の部分を「自動運転コンセプトカー」に修正する。

❺主文内の「新型エコカー「Eシリーズ」」を「コンセプトカー「Futurity」」に修正する。

❻スケジュール表内の「新型エコカー発表」を「コンセプトカー発表」に修正する。

❼主文内の適切な箇所に、「ご多用のなか恐縮ではございますが、」を挿入する。

❽前文の時候の挨拶は、以下の語群から適切なものを選んで修正する。

> ［語群］　寒冷の候　　　早春の候　　　初秋の候

❾主文内の「このたび当社では」の前に、以下の語群から適切なものを選んで挿入する。

> ［語群］　まずは、　　さて、　　ところで、　　よって、

❿スケジュール表に以下の2つの内容を追加する。それに伴い、コンセプトカー発表は10：20～11：00、特別試乗体験会は11：40～13：30に修正する。

> 10：00～10：20　当社取締役から挨拶
> 11：00～11：15　ご来場感謝大抽選会

⓫スケジュール表は、目立つように外枠のみ太線にする。

⓬スケジュール表の「時間」「予定」のセルに網かけをする。

⓭参加申込の締め切りは開催日の2週間前とする。

⓮当社の営業担当者は、新田から山本に変わったので申込受付者を修正する。

⑮切り取り線と参加申込書の表の間に「**特別試乗体験会　参加申込書**」を追加する。

⑯参加申込書の表の氏名欄の下に店舗名の記入欄を新たな枠として追加する。

⑰参加申込書の表の項目欄（氏名・店舗名・住所……など）はすべて枠内で均等に割り付ける。

⑱A4判用紙1枚に出力できるようレイアウトする。

⑲作成したファイルは「ドキュメント」内のフォルダー「日商PC 文書作成3級 Word2019／2016」内のフォルダー「模擬試験」に「コンセプトカー特別試乗体験会案内」として保存する。

ファイル「特別試乗体験会案内」の内容

2020 年 7 月 1 日

販売店各位

株式会社日商自動車
営業部長　高野　肇

新型エコカー特別試乗体験会のご案内

拝啓　盛夏の候、ますますご健勝のこととお慶び申し上げます。平素は格別のご高配を賜り、厚く御礼申し上げます。
　このたび当社では、新開発の自動運転技術を導入した新型エコカー「E シリーズ」の発表展示会を下記のとおり実施いたします。同時に販売店を対象に試乗体験会を当社羽田テストコースで実施いたします。販売店の皆様には当社が推進する「新時代のモビリティ・サービス」の普及により一層のご尽力をいただければ幸いです。
　何とぞご来場を賜りますようお願い申し上げます。

敬具

記

開催日：2020 年 7 月 19 日（日）
会　場：本社品川工場および羽田テストコース
スケジュール：

時間	予定
11:00〜12:00	新型エコカー発表
13:00〜14:30	特別試乗体験会（事前予約制・バスにて送迎）

※なお、定員の都合がございますので、ご来場をご希望のお客様は、以下の参加申込書にご記入のうえ、7 月 5 日（日）までに当社営業担当・新田までお申し込みくださいますようお願い申し上げます。

以上

------------------------- 切り取り線 -------------------------

氏名	
住所	〒　　　－
電話番号	（携帯・自宅）

第1章
第2章
第3章
第4章
第5章
第6章
第7章
第8章
模擬試験
付録
索引

第2回 模擬試験 問題

解答 ▶ 別冊P.15

本試験は、試験プログラムを使ったネット試験です。
本書の模擬試験は、試験プログラムを使わずに操作します。

知識科目

試験時間の目安：5分

本試験の知識科目は、文書作成分野と共通分野から出題されます。
本書では、文書作成分野の問題のみを取り扱っています。共通分野の問題は含まれません。

問題1 漢字を使うべき語句にひらがなを使っている文はどれですか。次の中から選びなさい。

1 できないこともある。
2 行けないときは連絡する。
3 残された時間にはかぎりがある。

問題2 社外向け電子メールの書き方で正しいのはどれですか。次の中から選びなさい。

1 前文と末文は必要であるが、いずれも簡潔な表現にする。
2 前文と主文は手紙と同じ表現にする。
3 前文は必要であるが、末文は省略してもよい。

問題3 頭語と結語の組み合わせで正しいのはどれですか。次の中から選びなさい。

1 拝復－敬具
2 謹啓－敬具
3 前略－敬白

問題4 文書番号の説明として正しいのはどれですか。次の中から選びなさい。

1 文書を管理するための番号である。
2 文書を書いた人を識別するための番号である。
3 社内文書と社外文書を識別するための番号である。

問題5 常用漢字表に含まれない漢字はどれですか。次の中から選びなさい。

1 誰
2 桁
3 洩

問題6 二通りの意味に解釈できる文はどれですか。次の中から選びなさい。

1 イラストが描かれた目立つ看板が、店の前に設置されています。
2 店の前に設置された看板には、目立つイラストが描かれています。
3 店の前に、目立つイラストが描かれた看板が設置されています。

第1章

第2章

第3章

第4章

第5章

第6章

第7章

第8章

模擬試験

付録

索引

■ **問題 7** 次の円グラフは扇形の一部が切り出されています。この切り出しの意味を次の中から選びなさい。

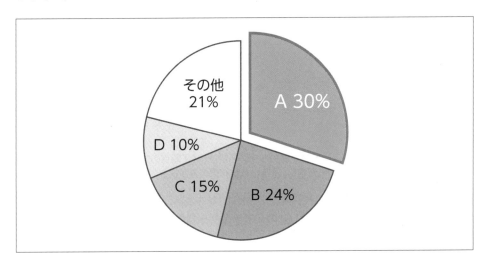

その他 21%

A 30%

D 10%

C 15%

B 24%

1 「A」の割合が最も大きいので切り出している。

2 「A」を強調するために切り出している。

3 円グラフに視覚的な変化が生じるようにするために切り出している。

■ **問題 8** 社内文書の報告書の記書きの文体について述べた文として正しいのはどれですか。次の中から選びなさい。

1 「である体」で書くのが基本である。

2 「ですます体」で書くのが基本である。

3 「体言止め」で書くのが基本である。

■ **問題 9** 主語と述語の対応に問題がある文はどれですか。次の中から選びなさい。

1 長期金利の指標となる10年物国債の利回りは、0.025%と低迷しています。

2 ファミリーレストランは、消費増税や円安による食材費の高騰などで値上げせざるをえない状況に追い込まれました。

3 本日の出席者が本テーマに少しでも関心を持ってもらえるよう、資料を用意しました。

■ **問題 10** 文書のライフサイクルの「活用」について述べた文として正しいのはどれですか。次の中から選びなさい。

1 文書ライフサイクルの各プロセスで、閲覧や文書データの再利用などがなされることをいう。

2 過去の文書データを利用して改訂版を作ることをいう。

3 文書によって情報を人に伝えることを指す。

本試験の実技科目は、試験プログラムを使って出題されます。
本書では、試験プログラムを使わずに操作します。

あなたは日商システムズ株式会社の人事部研修課の社員です。
このたび上司である課長から、6月から7月に実施する研修の開催通知を作成するよう指示がありました。

上司からの指示は以下のとおりです。指示に従って文書を作成し、所定の場所に保存してください。

※試験時間内に作業が終わらない場合は、終了時点の文書ファイルを指定されたファイル名で保存してから終了してください。保存された結果のみが採点対象となります。

通知状は、以前使用したファイル「ドキュメント」内のフォルダー「日商PC　文書作成3級 Word2019／2016」内のフォルダー「模擬試験」にある「営業部員研修」をもとに、次の内容で作成すること。

❶文書番号を「研修21-6328」に修正する。

❷発信日を「2021年6月1日」とする。

❸宛名に敬称を付ける。

❹標題を「営業コミュニケーションスキル向上研修通知」に修正する。

❺主文内の先頭3行を以下の文に修正する。

> 変化の激しい社会で、新しい時代に即した営業スタイルを目指し、コミュニケーションスキル向上の研修を企画しました。4回に渡り、ロジカルに考え、個々のお客様に合わせたご提案を実施するためのスキルを身に付けられるよう、カリキュラムを構成しています。データ分析とデータ活用も加えています。主に入社2年目から5年目の若手を対象としていますが、それ以外の方も希望があれば受講を検討します。

❻主文内の期限の日付を「6月8日（火）」に修正する。

❼記書きの日程を「2021年6月22日（火）～7月13日（火）（全4回）」に修正する。

❽場所を「新館5階　研修室A」に修正する。

❾スケジュールとカリキュラムの表を、第4回までの内容に修正する。

> 日程は、6月22日（火）、6月29日（火）、7月6日（火）、7月13日（火）。
> 第1回の「営業力とは」、「営業の3つのS」を「新時代の営業スタイルとコミュニケーションスキル」、「ロジカルシンキングと提案」に修正する。
> 第2回の内容として、「データ活用の概要」、「営業支援ツールとデータ利用」、「データ分析とグラフ化」を追記する。

❿表の外枠を太線にする。

⓫表の下に1行空けて、次の文章を追記する。

> ※なお、研修終了後一週間以内に、受講レポートを作成し、提出してもらいます。

⓬ A4判用紙1枚に出力できるようレイアウトする。

⓭ 作成したファイルは「ドキュメント」内のフォルダー「日商PC 文書作成3級 Word2019／2016」内のフォルダー「模擬試験」に「営業コミュニケーションスキル向上研修」として保存する。

ファイル「営業部員研修」の内容

研修２０−５０７４
２０２０年５月２０日

営業部員

人事部教育研修課長　荒井薫

営業部員研修開催について

　営業部員の営業力向上を目指して、３回に渡り、研修カリキュラムを構成しています。メール文章の書き方とプレゼンテーション資料の作成も加えています。主に入社２年目から４年目の若手を対象としていますが、それ以外の方も希望があれば受講を検討します。
　希望者は、所属の上長に相談のうえ、社内研修システム申込フォームを使い、５月２６日（火）までに申請してください。定員を超えた場合は、教育研修課で調整し、受講者に連絡いたします。

記

１．日　程：２０２０年６月２日（火）〜１６日（火）（全３回）
　　　　　　各回　１６：００〜１８：００

２．場　所：本社ビル１０階　セミナールーム

３．スケジュールとカリキュラム

	日　程	内　　容
第1回	６月２日（月）	ガイダンス
		営業力とは
		営業の３つのＳ
第2回	６月９日（火）	効果と効率を高めるライティングの基本
		簡潔に伝わるメール文章の書き方
		評価を高める顧客対応文書作成のコツ
第3回	６月１６日（火）	ロジカルプレゼンテーションのポイント
		プレゼンテーション資料作成
		プレゼンテーションと相互評価

以　上

第1章
第2章
第3章
第4章
第5章
第6章
第7章
第8章
模擬試験
付録
索引

第3回 模擬試験 問題

解答 ▶ 別冊P.19

本試験は、試験プログラムを使ったネット試験です。
本書の模擬試験は、試験プログラムを使わずに操作します。

知識科目

試験時間の目安：5分

本試験の知識科目は、文書作成分野と共通分野から出題されます。
本書では、文書作成分野の問題のみを取り扱っています。共通分野の問題は含まれません。

■ **問題 1** 「体言止め」を説明した文として正しいのはどれですか。次の中から選びなさい。

1 文末を動詞で止める文をいう。

2 文末を名詞で止める文をいう。

3 文末を「ですます体」で止める文をいう。

■ **問題 2** 報告書における事実と意見（私見）の記述について述べた文として正しいのはどれですか。次の中から選びなさい。

1 事実と意見（私見）は区別できるように分けて記述する。

2 事実だけを記述し意見（私見）を含めてはならない。

3 事実と意見（私見）は混在させて書いてもよい。

■ **問題 3** 折れ線グラフについて述べた文として適切なものはどれですか。次の中から選びなさい。

1 「0」を含む目盛りの一部を省略してもよい。

2 構成比を示したいときも有効である。

3 折れ線の数は1本とし、2本以上は使わない。

■ **問題 4** 敬称「御中」が正しく使われている宛名はどれですか。次の中から選びなさい。

1 日商販売株式会社御中　営業部

2 日商販売株式会社　営業部長御中

3 日商販売株式会社　営業部御中

■ **問題 5** 常用漢字表の付表に載っていない語句はどれですか。次の中から選びなさい。

1 貴方

2 大人

3 今日

問題6 卵料理の手順を説明した箇条書きで適切なものはどれですか。次の中から選びなさい。

1　・卵をよくかき混ぜ、塩とコショウを少々加えます。
　　・耐熱の器にオーブンシートを敷いて、卵を流し込みます。
　　・200℃で10分間、オーブンで加熱すれば完成です。

2　1. 卵をよくかき混ぜ、塩とコショウを少々加えます。
　　2. 耐熱の器にオーブンシートを敷いて、卵を流し込みます。
　　3. 200℃で10分間、オーブンで加熱すれば完成です。

3　A）卵をよくかき混ぜ、塩とコショウを少々加えます。
　　B）耐熱の器にオーブンシートを敷いて、卵を流し込みます。
　　C）200℃で10分間、オーブンで加熱すれば完成です。

問題7 文書データのフォルダーを管理するときの階層について述べた文として適切なものはどれですか。次の中から選びなさい。

1　3階層程度にとどめるのがよい。

2　階層は設けないほうが管理しやすい。

3　階層は自由に設けてよく、制限する必要はない。

問題8 社外文書における会社向けの挨拶文として正しいのはどれですか。次の中から選びなさい。

1　貴社ますますご健勝のこととお喜び申し上げます。

2　貴社ますますご活躍のこととお喜び申し上げます。

3　貴社ますますご隆盛のこととお喜び申し上げます。

問題9 社外向け電子メールの署名に関する記述として正しいのはどれですか。次の中から選びなさい。

1　ホームページのURLは余分な情報になるので入れない。

2　電話番号やファクス番号も入れる。

3　会社の資本金や売上高などの情報も入れるのが一般的である。

問題10 漢字が正しく使われている文はどれですか。次の中から選びなさい。

1　指揮を執る。

2　飛球を採る。

3　小川で魚を取る。

本試験の実技科目は、試験プログラムを使って出題されます。
本書では、試験プログラムを使わずに操作します。

あなたは日商サービス株式会社の総務部の社員です。

このたび上司から、社内向けの連絡文書を作成するように指示されました。
上司からの指示は以下のとおりです。指示に従って文書を作成し、所定の場所に保存してください。

※試験時間内に作業が終わらない場合は、終了時点の文書ファイルを指定されたファイル名で保存してから終了してください。保存された結果のみが採点対象となります。

連絡文書は、上司が途中まで作成したファイル「ドキュメント」内のフォルダー「日商PC文書作成3級 Word2019／2016」内のフォルダー「模擬試験」にある「ミーティングフロア新設と運用」をもとに、次の内容で作成すること。

❶文書番号は「総務部業連第21-002号」とし、適切な位置に記入する。

❷宛名には「施設保安部」を追加する。

❸標題は以下の中から最も適切なものを選んで、適切な位置に記入する。

> ご連絡
> ミーティングフロアの場所について
> ミーティングフロア新設と運用
> 取引業者とのミーティングフロア新設と運用に関する連絡
> 取引業者とのミーティングフロア新設と運用に関する連絡についての文書

❹標題は拡大しゴシック体にしたうえで、下線を引く。

❺連絡文（主文）の中の「きょうかたいさく」と「しゅうち」を漢字で表現する。

❻連絡文（主文）には、1箇所誤った漢字が使われている。正しい漢字に修正すること。

❼記書きの項目1と2の間に、項目2として「運用は2021年4月19日（月）より開始される」ことを追加し、項目1と同様に「：（コロン）」を使って、できるだけ簡潔に表現する。

❽記書きの中の文はすべて「である体」にする。

❾プロセス図の枠内が3箇所空白になっているので、ここに以下の語群の中から適切なものを選んで記入する。

> 入室票に署名
> 署名確認
> ミーティングフロアの利用

❿プロセス図の枠をコピーして右側に1個追加し、枠の中に「退室」と記入する。

⓫プロセス図の枠内の文字サイズを9ポイント、書体をゴシック体にする。

⓬ プロセス図の左右の枠（「入室手続き」と「退室」）を除き、中間にある4つの枠に、文字が読めるような薄い網をかけ、枠線を倍の太さにする。

⓭ 「解錠時間：9時〜19時（平日）」の次に、以下の文を、行頭を「解錠時間」の行頭に合わせて追加する。

> 上記以外の時間に利用する場合は、下記の要領で利用すること。
> ①C棟の社員専用出入口から入り、内側から業者専用出入口を開ける。
> ②照明、空調の電源が入っていない場合には電源を入れ、利用後に電源を切って退室する。

⓮ 「本業務連絡の問い合わせ先」として「総務部　田中（内線：1234　e-mail：hajime.tanaka@nissho-bunsho.co.jp）」と記入する。その際、英数字は半角で入力すること。

⓯ 「以上」を適切な位置に記入する。

⓰ A4判用紙1枚に出力できるようレイアウトする。

⓱ 作成したファイルは「ドキュメント」内のフォルダー「日商PC 文書作成3級 Word2019／2016」内のフォルダー「模擬試験」に「総務部業連第21-002号」として保存する。

第1章
第2章
第3章
第4章
第5章
第6章
第7章
第8章
模擬試験
付録
索引

ファイル「ミーティングフロアの新設と運用」の内容

2021 年 4 月 12 日

業務部各位

総務部長　山田春男

　セキュリティーきょうかたいさくの一貫として、下記のように取引業者とのミーティングフロアを新設し、その運用方法を定めました。全員にしゅうちされますようお願いします。

記

1　新設ミーティングフロア：C 棟 1 階

2　運用方法：
(1) 運用の図示
　　入室から退室までの流れは、下図のとおりです。図の下側の文字は、該当者を示しています。

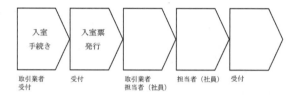

(2) ミーティングフロアの解錠時間について
　　解錠時間：9 時～19 時（平日）

3　本業務連絡の問い合わせ先：

実技科目　ワンポイントアドバイス

1　実技科目の注意事項

日商PC検定試験は、インターネットを介して実施され、受験者情報の入力から試験の実施まで、すべて試験会場のPCを操作して行います。また、実技科目では、日商PC検定試験のプログラム以外に、ワープロソフトのWordを使って解答します。

原則として、試験会場には自分のPCを持ち込むことはできません。慣れない環境で失敗しないために、次のような点に気を付けましょう。

❶ PCの環境を確認する

試験会場によって、PCの環境は異なります。

現在、実技科目で使用できるWordのバージョンは2013、2016、2019のいずれかで、試験会場によって異なります。

また、PCの種類も、デスクトップ型やノートブック型など、試験会場によって異なります。ノートブック型のPCの場合には、キーボードにテンキーがないこともあるため、数字の入力に戸惑うかもしれません。試験を開始してから戸惑わないように、事前に試験会場にアプリケーションソフトのバージョンや、PCの種類などを確認してから申し込むようにしましょう。

試験会場で席に着いたら、使用するPCの環境が申し込んだときの環境と同じであるか確認しましょう。

また、試験会場で使用するWordは、普段使っているWordの画面設定と同じとは限りません。画面の解像度によってリボンの表示の仕方が異なったり、水平ルーラーや編集記号が表示されていなかったりするなど、試験会場のPCによって設定が異なります。自分の使いやすい画面に設定しておくとよいでしょう。

ただし、試験前に勝手にPCに触れると不正行為とみなされることもあるため、どうしてもPCに触れる必要がある場合は、試験官の許可をもらうようにしましょう。

❷ 受験者情報は正確に入力する

試験が開始されると、受験者の氏名や生年月日といった受験者情報の入力画面が表示されます。ここで入力した内容は、試験結果とともに受験者データとして残るので、正確に入力します。

また、氏名と生年月日は本人確認のもととなり、ローマ字名は合格証にも表示されるので入力を間違えないように、十分注意しましょう。試験終了後に間違いに気づいた場合は、試験管にその旨を伝えて訂正してもらうようにしましょう。

これらの入力時間は、試験時間に含まれないので、落ち着いて入力しましょう。

❸ 使用するアプリケーションソフト以外は起動しない

試験が開始されたら、指定のアプリケーションソフト以外を起動すると、試験プログラムが誤動作したり、正しい採点が行われなくなったりする可能性があります。

また、Microsoft EdgeやInternet Explorerなどのブラウザーを起動してインターネットに接続すると、試験の解答につながる情報を検索したと判断されることがあります。

試験中は指定されたアプリケーションソフト以外は起動しないようにしましょう。

第1章
第2章
第3章
第4章
第5章
第6章
第7章
第8章
模擬試験
付録
索引

2　実技科目の操作のポイント

実技科目の問題は、「職場の上司からの指示」が想定されています。その指示を達成するためにどのような機能を使えばよいのか、どのような手順で進めればよいのかといった具体的な作業については、自分で考えながら解答する必要があります。

問題文をよく読んで、具体的にどのような作業をしなければならないのかを素早く判断する力が求められています。

解答を作成するにあたって、次のような点に気を付けましょう。

❶ 問題文の全体像を理解する

試験が開始されたら、まずは問題文を一読します。問題文が表示される画面を全画面表示に切り替えると読みやすいでしょう。解答する前に、どのような文書を作ることが求められているのかという全体像を理解しておくと、解答しやすくなります。

※下の画面はサンプル問題のものです。実際の試験問題とは異なります。

問題文を全画面で表示

❷ 問題文に指示されていないことはしない

問題文に指示されていないのに、余分な空白を入れたり、改行したり、読点を追加したりすると減点の対象になる可能性があります。元の文書の指示されていないところは、勝手に変更しないようにしましょう。目に見える部分だけでなく、目に見えない空白や改行も採点の対象になります。

また、見やすいからといって、指示されていないのに標題のフォントサイズを変えたり、色を付けたりするのもやめましょう。問題文から読み取れる指示以外は、むやみに変更しないほうが無難です。

❸ 元の文書に記載されている項目にならって入力する

日付の表記（西暦や和暦）や時間の表記（12時間制や24時間制）は、元の文書に従って同じ表記で入力します。異なる表記を混在させないようにしましょう。問題文で表記が指定されている場合は、その指示に従います。

また、宛先の氏名などを入力するときに、姓と名の間を1字分空けるかどうかも、元の文書に合わせます。元の文書に氏名がなければ、姓と名の間を1字分空けても空けなくてもどちらでもかまいません。

❹ 半角と全角は混在させない

文書内に英数字などの半角と全角が混在していると、減点される可能性があります。半角と全角は、文書全体で統一するようにします。半角と全角のどちらにそろえるかは、問題文に指示がなければ、元の文書がどちらで入力されているかによって判断します。半角で入力されていれば半角、全角で入力されていれば全角で統一します。元の文書に英数字などがない場合は、どちらかに統一すればよいでしょう。

❺ 字下げにはインデント機能を使う

箇条書きなどの行頭を字下げする問題には、インデント機能を使います。空白を使って字下げしてもかまいませんが、文書に修正が発生すると効率が悪くなることがあります。なるべく字下げを行う場合は、インデント機能を使いましょう。また、問題文にインデント機能を使うように指示されている場合は、必ずその指示に従います。

❻ 図や図形のサイズを大幅に変更しない

元の文書に用意されている図や図形のサイズは、問題文に変更する指示がなければ、大きさは変えないほうがよいでしょう。多少の変更は問題ありませんが、大幅にサイズを変えて、文書全体のレイアウトが変わってしまうと採点に影響する可能性があります。誤ってサイズを変更してしまった場合は、　↩　（元に戻す）などを利用して、元の状態に戻しておくとよいでしょう。

❼ 図形を一から作成し直さない

図形を編集する指示がある場合、途中の操作を間違えたからといって一から図形を作成し直すのはやめましょう。最初から作り直した図形は、採点されない可能性があります。

図形を編集する操作に不安がある場合は、編集前に指定のフォルダー内に別の名前でファイルを保存し、バックアップをとっておくことをおすすめします。もし、編集を間違えてしまい、図形を元の状態に戻せなくなったら、バックアップファイルを使って作成し直すとよいでしょう。

ただし、試験終了までには別名を付けて保存したバックアップファイルを消去しておきましょう。

第1章
第2章
第3章
第4章
第5章
第6章
第7章
第8章
模擬試験
付録
索引

❽ 問題文に書かれていない指示を読み取る

問題文の具体的な指示だけが問題ではありません。たとえば、問題文に「**発信日に2021年10月5日と記入すること**」という指示があった場合、日付を入力するだけでなく、発信日は右揃えにしなければなりません。問題文の指示だけでなく、一般的なビジネス文書の規則に従って作成する必要があります。本書では、合格するために必要なビジネス文書の基礎知識を「解答のポイント」にまとめています。ビジネス文書の基礎知識をしっかり身に付けて、解答できるようにしておきましょう。

このように、問題文や解答ファイルから問題文に具体的に明記されていない裏指示を読み取ることが必要です。

❾ 1ページに収める場合、文中の空白行は削除しない

問題文に2ページで仕上げるように指示がなければ、1ページに収めるようにします。複数ページにまたがってしまった場合は、文末の余分な空白行を削除して1ページに収まるように調整します。ただし、文中の空白行を削除すると、採点に影響が出る可能性があるため、問題文に指示がない限り、文中の空白行は削除しないようにします。

❿ 見直しをする

時間が余ったら、必ず見直しをするようにしましょう。ひらがなで入力しなければいけないのに、漢字に変換していたり、設問をひとつ解答し忘れていたりするなど、入力ミスや単純ミスで点を落としてしまうことも珍しくありません。確実に点を獲得するために、何度も見直して合格を目指しましょう。

⓫ 指示どおりに保存する

作成したファイルは、問題文で指定された保存場所に、指定されたファイル名で保存します。保存先やファイル名を間違えてしまうと、解答ファイルが無いとみなされ、採点されません。せっかく解答ファイルを作成しても、採点されないと不合格になってしまうので、必ず保存先とファイル名が正しいかを確認するようにしましょう。

ファイル名は、英数字やカタカナの全角や半角、英字の大文字や小文字が区別されるので、間違えないように入力します。また、ファイル名に余分な空白が入っている場合もファイル名が違うと判断されるので注意が必要です。

本試験では、時間内にすべての問題が解き終わらないこともあります。そのため、ファイルは最後に保存するのではなく、指定されたファイル名で最初に保存し、随時上書き保存するとよいでしょう。

Appendix

付録
日商PC検定試験の概要

日商PC検定試験「文書作成」とは

1　目的

「日商PC検定試験」は、ネット社会における企業人材の育成・能力開発ニーズを踏まえ、企業実務でIT（情報通信技術）を利活用する実践的な知識、スキルの修得に資するとともに、個人、部門、企業のそれぞれのレベルでITを利活用した生産性の向上に寄与することを目的に、「文書作成」、「データ活用」、「プレゼン資料作成」の3分野で構成され、それぞれ独立した試験として実施しています。中でも「文書作成」は、主としてWordを活用し、正しいビジネス文書の作成、取り扱いを問う内容となっています。

2　受験資格

どなたでも受験できます。いずれの分野・級でも学歴・国籍・取得資格等による制限はありません。

3　試験科目・試験時間・合格基準等

級	知識科目	実技科目	合格基準
1級	30分（論述式）	60分	知識、実技の2科目とも70点以上（100点満点）で合格
2級	15分（択一式）	40分	
3級	15分（択一式）	30分	
Basic（基礎級）	—	30分	実技科目70点以上（100点満点）で合格

※Basic（基礎級）に知識科目はありません。

4　試験方法

インターネットを介して試験の実施から採点、合否判定までを行う「ネット試験」で実施します。

※2級、3級およびBasic（基礎級）は試験終了後、即時に採点・合否判定を行います。1級は答案を日本商工会議所に送信し、中央採点で合否を判定します。

5 受験料（税込み）

1級	2級	3級	Basic（基礎級）
10,480円	7,330円	5,240円	4,200円

※上記受験料は、2020年12月現在（消費税10%）のものです。

6 試験会場

商工会議所ネット試験施行機関（各地商工会議所、および各地商工会議所が認定した試験会場）

7 試験日時

●1級	日程が決まり次第、検定試験ホームページ等で公開します。
●2級・3級・Basic（基礎級）	各ネット試験施行機関が決定します。

8 受験申込方法

検定試験ホームページで最寄りのネット試験施行機関を確認のうえ、直接お問い合わせください。

9 その他

試験についての最新情報および詳細は、検定試験ホームページでご確認ください。

検定試験ホームページ	https://www.kentei.ne.jp/

「文書作成」の内容と範囲

1 1級

必要な情報を入手し、業務の目的に応じた最も適切で説得力のあるビジネス文書、資料等を作成することができる。

科目	内容と範囲
知識科目	○2、3級の試験範囲を修得したうえで、第三者に正確かつわかりやすく説明することができる。 ○文書の全ライフサイクル（作成、伝達、保管、保存、廃棄）を考慮し、社内における文書管理方法を提案できる。 ○文書の効率的な作成、標準化、データベース化に関する知識を身に付けている。 ○ライティング技術に関する実践的かつ応用的な知識（文書の目的・用途に応じた最適な文章表現、文書構造）を身に付けている。 ○表現技術（レイアウト、デザイン、表・グラフ、フローチャート、図解、写真の利用、カラー化等）について実践的かつ応用的な知識を身に付けている。 <div align="right">等</div><hr>（共通） ○企業実務で必要とされるハードウェア、ソフトウェア、ネットワークに関し、第三者に正確かつわかりやすく説明することができる。 ○ネット社会に対応したデジタル仕事術を理解し、自社の業務に導入・活用できる。 ○インターネットを活用した新たな業務の進め方、情報収集・発信の仕組みを提示できる。 ○複数のプログラム間での電子データの相互運用が実現できる。 ○情報セキュリティーやコンプライアンスに関し、社内で指導的立場となれる。 <div align="right">等</div>
実技科目	○企業実務で必要とされる文書作成ソフト、表計算ソフト、プレゼンテーションソフトの機能、操作法を修得している。 ○当該業務の遂行にあたり、ライティング技術を駆使し、最も適切な文書、資料等を作成することができる。 ○与えられた情報を整理・分析し、状況に応じ企業を代表して（対外的な）ビジネス文書を作成できる。 ○表現技術を駆使し、説得力のある業務報告、レポート、プレゼンテーション資料等を作成できる。 ○当該業務に係る情報をウェブサイトから収集し活用することができる。 <div align="right">等</div>

与えられた情報を整理・分析し、参考となる文書を選択・利用して、状況に応じた適切なビジネス文書、資料等を作成することができる。

科目	内容と範囲
知識科目	○ビジネス文書（社内文書、社外文書）の種類と雛形についてよく理解している。 ○文書管理（ファイリング、共有化、再利用）について理解し、業務に合わせて体系化できる知識を身に付けている。 ○ビジネス文書を作成するうえで必要とされる日本語力（文法、表現法、敬語、用字・用語、慣用句）を身に付けている。 ○企業実務で必要とされるライティング技術に関する知識（わかりやすく簡潔な文章表現、文書構成）を身に付けている。 ○表現技術（レイアウト、デザイン、表・グラフ、フローチャート、図解、写真の利用、カラー化等）についての基本的な知識を身に付けている。 <div align="right">等</div><hr>（共通） ○企業実務で必要とされるハードウェア、ソフトウェア、ネットワークに関する実践的な知識を身に付けている。 ○業務における電子データの適切な取り扱い、活用について理解している。 ○ソフトウェアによる業務データの連携について理解している。 ○複数のソフトウェア間での共通操作を理解している。 ○ネットワークを活用した効果的な業務の進め方、情報収集・発信について理解している。 ○電子メールの活用、ホームページの運用に関する実践的な知識を身に付けている。 <div align="right">等</div>
実技科目	○企業実務で必要とされる文書作成ソフト、表計算ソフトの機能、操作法を身に付けている。 ○業務の目的に応じ簡潔でわかりやすいビジネス文書を作成できる。 ○与えられた情報を整理・分析し、状況に応じた適切なビジネス文書を作成できる。 ○取引先、顧客などビジネスの相手と文書で円滑なコミュニケーションが図れる。 ○ポイントが整理され読み手が内容を把握しやすい報告書・議事録等を作成できる。 ○業務目的の遂行のため、見やすく、わかりやすい提案書、プレゼンテーション資料を作成できる。 ○社内の文書データベースから業務の目的に適合すると思われる文書を検索し、これを利用して新たなビジネス文書を作成できる。 ○文書ファイルを目的に応じ分類、保存し、業務で使いやすいファイル体系を構築できる。 <div align="right">等</div>

指示に従い、ビジネス文書の雛形や既存文書を用いて、正確かつ迅速にビジネス文書を作成することができる。

科目	内容と範囲
知識科目	○基本的なビジネス文書（社内・社外文書）の種類と雛形について理解している。 ○文書管理（ファイリング、共有化、再利用）について理解している。 ○ビジネス文書を作成するうえで基本となる日本語力（文法、表現法、用字・用語、敬語、漢字、慣用句等）を身に付けている。 ○ライティング技術に関する基本的な知識（文章表現、文書構成の基本）を身に付けている。 ○ビジネス文書に関連する基本的な知識（ビジネスマナー、文書の送受等）を身に付けている。 <div align="right">等</div><hr>（共通） ○ハードウェア、ソフトウェア、ネットワークに関する基本的な知識を身に付けている。 ○ネット社会における企業実務、ビジネススタイルについて理解している。 ○電子データ、電子コミュニケーションの特徴と留意点を理解している。 ○デジタル情報、電子化資料の整理・管理について理解している。 ○電子メール、ホームページの特徴と仕組みについて理解している。 ○情報セキュリティー、コンプライアンスに関する基本的な知識を身に付けている。 <div align="right">等</div>
実技科目	○企業実務で必要とされる文書作成ソフトの機能、操作法を一通り身に付けている。 ○指示に従い、正確かつ迅速にビジネス文書を作成できる。 ○ビジネス文書（社内・社外向け）の雛形を理解し、これを用いて定型的なビジネス文書を作成できる。 ○社内の文書データベースから指示に適合する文書を検索し、これを利用して新たなビジネス文書を作成できる。 ○作成した文書に適切なファイル名を付け保存するとともに、日常業務で活用しやすく整理分類しておくことができる。 <div align="right">等</div>

※本書で学習できる範囲は、表の網かけ部分となります。

4 Basic（基礎級）

ワープロソフトの基本的な操作スキルを有し、企業実務に対応することができる。

科目	内容と範囲
実技科目	○企業実務で必要とされる文書作成ソフトの機能、操作法の基本を身に付けている。 ○指示に従い、正確にビジネス文書の文字入力、編集ができる。 ○ビジネス文書（社内・社外向け）の種類と作成上の留意点を承知している。 ○ビジネス文書の特徴を承知している。 ○指示に従い、作成した文書ファイルにファイル名を付け保存することができる。 <div align="right">等</div>
使用する機能の範囲	○文字列の編集〔移動、複写、挿入、削除等〕 ○文書の書式・体裁を整える〔センタリング、右寄せ、インデント、タブ、小数点揃え、部分的な縦書き、均等割付け等〕 ○文字修飾・文字強調〔文字サイズ、書体（フォント）、網かけ、アンダーライン等〕 ○罫線処理 ○表の作成・編集〔表内の行・列・セルの編集と表内文字列の書式体裁等〕 <div align="right">等</div>

試験開始ボタンをクリックすると、試験センターから試験問題がダウンロードされ、試験開始となります。（試験問題は受験者ごとに違います。）

試験は、知識科目、実技科目の順に解答します。

知識科目では、上部の問題を読んで下部の選択肢のうち正解と思われるものを選びます。解答に自信がない問題があったときは、「見直しチェック」欄をクリックすると「解答状況」の当該問題番号に色が付くので、あとで時間があれば見直すことができます。

【参考】3級知識科目

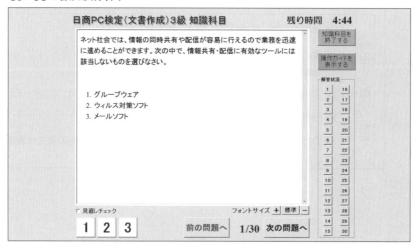

知識科目を終了すると、実技科目に移ります。試験問題で指定されたファイルを呼び出して（アプリケーションソフトを起動）、答案を作成します。

【参考】3級実技科目

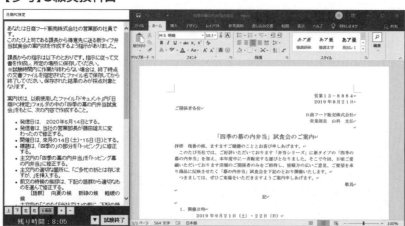

作成した答案を試験問題で指定されたファイル名で保存します。

答案（知識、実技両科目）はシステムにより自動採点され、得点と合否結果（両科目とも70点以上で合格）が表示されます。

※【参考】の問題はすべてサンプル問題のものです。実際の試験問題とは異なります。

Index

索引

Index 索引

第1章
第2章
第3章
第4章
第5章
第6章
第7章
第8章
模擬試験
付録
索引

第1章
第2章
第3章
第4章
第5章
第6章
第7章
第8章
模擬試験
付録
索引

よくわかるマスター

日商PC検定試験 文書作成 3級
公式テキスト&問題集
Microsoft® Word 2019/2016 対応

（FPT2010）

2021年 2 月 4 日　初版発行
2023年12月24日　初版第 9 刷発行

©編者：日本商工会議所　IT活用能力検定研究会

発行者： 山下　秀二

発行所： FOM出版（富士通エフ・オー・エム株式会社）
　　　　　〒212-0014 神奈川県川崎市幸区大宮町 1 番地 5　JR川崎タワー
　　　　　　　　　　 株式会社富士通ラーニングメディア内
　　　　　　　　　　 https://www.fom.fujitsu.com/goods/

印刷／製本：アベイズム株式会社

表紙デザインシステム：株式会社アイロン・ママ

緑色の用紙の内側に、別冊「解答と解説」が添付されています。

別冊は必要に応じて取りはずせます。取りはずす場合は、この用紙を1枚めくっていただき、別冊の根元を持って、ゆっくりと引き抜いてください。

日本商工会議所

日商PC検定試験 文書作成3級
公式テキスト&問題集

Microsoft® Word 2019／2016対応

解答と解説

Answer 確認問題 解答と解説

第1章 ビジネス文書

知識科目

■問題1

解答 **3** 文書番号の次の行に記入する。

解説 連絡文書の発信日付は、文書を作成した日付ではなく文書を発信した日付を記入します。また、日付の年は省略できません。

■問題2

解答 **1** 地球環境推進委員各位

解説 「各位」は、複数の相手を対象にするときに使います。

■問題3

解答 **2** 「どのように」が抜けていないか見直す。

解説 「H」は「How」の略なので、「どのように」が抜けていないか見直します。

■問題4

解答 **3** 「(株)」と略さないで「株式会社」と記入する。

解説 「(株)」は省略形です。会社名は略さないで、正式なものを記入します。

■問題5

解答 **1** 「錦秋の候」は10月に使う表現である。

解説 時候の挨拶は間違いやすいので、よく確認して使います。「錦秋の候」は10月に使います。

■問題6

解答 **2** 8月度月報の提出期限に関する通知

解説 社内文書の標題は、わかりやすく簡潔に表現します。「ご通知」といった丁寧な表現は不要です。

■問題7

解答 **1** 整った形式で相手に敬意を表したものにする。

解説 社外文書は会社の評価にも影響を及ぼす大切な文書なので、正しい言葉づかい、敬語の使い方に注意し、整った形式で相手に敬意を表すように書くことが必要です。

■問題8

解答 **2** 「経理部長 田辺浩一郎様」のように敬称「様」を付ける。

解説 社外文書の宛名は、「会社名」「役職名」「氏名」「敬称」を記入し、会社名や部門名は略さずに正式なものを記入します。
敬称は相手先に応じて使い分け、氏名には「様」、会社名には「御中」、複数の相手には「各位」を付けます。

知識科目

■ 問題1

解答 **3** 蓄積されている文書が改竄されないように、管理を厳重にしています。

解説 「改竄」の「竄」は常用漢字ではありません。また、「1」にある「弊社」の「弊」は常用漢字です。

■ 問題2

解答 **1** ご連絡いただきたく存じます。

解説 「1」以外の表現はいずれも不自然です。

■ 問題3

解答 **2** 10億7,600万円

解説 「1」も「3」も、横書きの文章では一般的ではありません。

■ 問題4

解答 **1** A社の設立はB社のように古くない。

解説 「～のように～ない」の表現は、二通りに解釈できます。

■ 問題5

解答 **1** 構内駐輪場を利用する場合は自転車の登録が必要ですが、登録されていない自転車がかなりあって、社員の自転車かどうか判別がつきにくい状態になっています。

解説 読点は多過ぎても少な過ぎても、文は読みにくくなります。「2」は読点が多過ぎます。「3」は読点が少な過ぎるうえ、読点の位置も不適切です。

■ 問題6

解答 **3** 新システムの特長は、使い方が簡単です。

解説 「3」は、主語（特長は）と述語（簡単です）が対応していません。「新システムの特長は、使い方が簡単なことです。」のようにしなければなりません。

■ 問題7

解答 **1** 全然うまくいっています。

解説 「全然」は否定で受けます。「1」のような表現は不適切です。

■ 問題8

解答 **1** 4つ

解説 箇条書きにすると次のようになり、箇条書きの項目数は4つになります。

> 下記建物の施錠・解錠時間を4月1日から、セキュリティー強化のために変更します。
> ・本社北構内のA棟・B棟・C棟
> ・本社南構内のD棟・E棟・F棟・G棟
> ・本社西構内のH棟
> ・別館

■ 問題9

解答 **2** *

解説 専門用語の説明を欄外で行うときは、一般に「*」を使います。

■ 問題10

解答 **1** イントラネットにアクセスできる全拠点に、市民文化会館における創立記念式典のライブ映像を配信します。イントラネットにアクセスできない拠点には、式典の模様を録画したDVDを後日用意します。

解説 「2」は、「～が～します。」の表現が不適切です。「3」は、「録画された」の「された」が受動態になっています。

第3章　電子メールのライティング技術

知識科目

■問題1

解答 **3** 安全衛生委員会（2021年1月26日）議事録

解説 「1」は長すぎます。「2」は具体性に欠けています。

■問題2

解答 **2** 段落間を1行空ける。

解説 「1」は紙の文書における標準的な段落の表現方法です。「3」は、特に画面上ではわかりにくいので避けなければなりません。

■問題3

解答 **1** 簡潔な前文、末文を入れてもよい。

解説 社内向け電子メールでは、必要なときに簡単な前文、末文を入れます。

■問題4

解答 **1** 社内用と社外用を使い分けるのがよい。

解説 署名は社内用と社外用を別々に作って使い分けます。

■問題5

解答 **2** 宛名については紙のビジネス文書に準じた表現にする。

解説 メール文であっても紙のビジネス文書であっても、宛名に関する考え方は共通です。

第4章　ビジネス図解の基本

知識科目

■問題1

解答 **3** プロセス図

解説 ステップは、フローチャートまたはプロセス図で表現します。

■問題2

解答 **3** チェックなど判断を伴う作業に使用

解説 ひし形は、検査、審査、校正などの判断作業に使います。

■問題3

解答 **1** 円グラフ

解説 構成比を表すときは、円グラフや100％積み上げ面グラフ、100％積み上げ棒グラフを使います。

■問題4

解答 **3** 左から右への方向が適切である。

解説 左から右への方向が一般的です。

■問題5

解答 **3** 強調するため

解説 円グラフの一部の切り出しは、切り出した部分を目立たせるために行います。

知識科目

■ 問題 1

(解答) 2 「保管」とは文書が個人のPCまたは部門のサーバーに格納されて管理されている状態をいい、「保存」とはハードディスクやDVDなどの電子メディアに文書を記録しておくことをいう。

(解説) 「保管」と「保存」は紛らわしい言葉ですが、違いがあるので使い分けなければなりません。

- -

■ 問題 2

(解答) 3 電子メディアを物理的に破壊したうえで廃棄する。

(解説) どのような方法を使ってもデータを復元できないようにするためには、電子メディアを物理的に破壊します。

- -

■ 問題 3

(解答) 1 アクセス制限、電子メディア、検索エンジン、バックアップの方法

(解説) 「2」は「伝達」に必要な知識・技術であり、「3」は「廃棄」に必要な知識・技術です。

- -

■ 問題 4

(解答) 3 「作成」→「伝達」→「保管」→「保存」→「廃棄」が基本であるが、各プロセスで「活用」がなされる。

(解説) 「活用」は全プロセスに関わってきます。

実技科目

完成例

ポイント2 ────── 販売店の皆様

2021 年 10 月 12 日 ●────── ポイント1

株式会社日商ワインファクトリー
代表取締役社長　佐竹義則

新商品試飲会のご案内 ●────── ポイント3

拝啓　仲秋の候、貴社ますますご隆昌のこととお喜び申し上げます。
　当社の業務につきましては、平素から格別のご愛顧を賜り、厚く御礼申し上げます。
　さて、このたび弊社では、夏から秋にかけてワインの仕込みを行っておりましたが、おかげさまをもちましてこのほど発売の運びとなりました。
　つきましては、販売店の皆様に発売に先駆けて味わっていただきたく、下記のとおり新商品の試飲会を開催いたしますので、ぜひご出席賜りますようお願い申し上げます。
　ご多用中、誠に恐縮ではございますが、皆様のご来場を心よりお待ち申し上げております。

敬具

記

◆　開　　催　　日：2021 年 11 月 5 日（金）
◆　時　　　　　間：午後 1 時～午後 6 時
◆　会　　　　　場：スカイフロントホテル 20 階　天空の間
◆　問い合わせ先：03-5401-XXXX（株式会社日商ワインファクトリー総務部　直通）

以上

解答のポイント

ポイント1

発信日付は右揃えで配置します。
発信日付の数字を全角数字で入力するか半角数字で入力するかは、元の文書に合わせます。ただし、問題文に指示がある場合は、その指示に従います。文書内で全角と半角が混在しないようにしましょう。

ポイント2

宛名は発信日付の下の行に左揃えで入力します。
この文書の場合、主文に「販売店の皆様に…」という文章があるため、「販売店」向けに案内状を作成していることがわかります。

ポイント3

標題の文字サイズを変更する指示が問題にある場合は、その指示に従います。文字サイズの指示がない場合は、本文より少し大きい文字サイズに変更します。

操作手順

❶

①《レイアウト》タブを選択します。

②《ページ設定》グループの　（ページ設定）をクリックします。

③《余白》タブを選択します。

④《余白》の《左》を「33mm」に設定します。

⑤同様に、《右》を「33mm」に設定します。

⑥《OK》をクリックします。

❷

①文頭にカーソルを移動します。

②「2021年10月12日」と入力します。

③《ホーム》タブを選択します。

④《段落》グループの ≡ (右揃え)をクリックします。

❸

①「2021年10月12日」の後ろにカーソルを移動します。

②〔Enter〕を押して改行します。

③《ホーム》タブを選択します。

④《段落》グループの ≡ (右揃え)をクリックします。

※右揃えが解除されます。

⑤「販売店の皆様」と入力します。

❹

①「販売店の皆様」の後ろにカーソルを移動します。

②〔Enter〕を押して改行します。

③「株式会社日商ワインファクトリー」と入力します。

④〔Enter〕を押して改行します。

⑤「代表取締役社長□佐竹義則」と入力します。

※□は全角空白を表します。

⑥「株式会社日商ワインファクトリー」と「代表取締役社長　佐竹義則」の行を選択します。

⑦《ホーム》タブを選択します。

⑧《段落》グループの ≡ (右揃え)をクリックします。

❺

①「試飲会の開催について」を選択します。

②「新商品試飲会のご案内」と入力します。

③「新商品試飲会のご案内」の行を選択します。

④《ホーム》タブを選択します。

⑤《フォント》グループの 10.5 ▾ (フォントサイズ)の ▾ をクリックし、一覧から《14》を選択します。

⑥《フォント》グループの MS 明朝 ▾ (フォント)の ▾ をクリックし、一覧から《MSゴシック》を選択します。

⑦《段落》グループの ≡ (中央揃え)をクリックします。

❻

①「拝啓…」で始まる行の文末にカーソルを移動します。

②〔Enter〕を押します。

③「□当社の業務につきましては、平素から格別のご愛顧を賜り、厚く御礼申し上げます。」と入力します。

※□は全角空白を表します。

④〔Delete〕を4回押して、「敬具」と改行を削除します。

❼

①「開催日」を選択します。

②〔Ctrl〕を押しながら、「時間」「会場」「問い合わせ先」を選択します。

③《ホーム》タブを選択します。

④《段落》グループの ≣ (均等割り付け)をクリックします。

⑤《新しい文字列の幅》を「6字」に設定します。

⑥《OK》をクリックします。

❽

①「開催日…」で始まる行から「問い合わせ先…」で始まる行を選択します。

②《ホーム》タブを選択します。

③《段落》グループの ≔ ▾ (箇条書き)の ▾ をクリックします。

④《◆》をクリックします。

❾

①発信者名の「株式会社日商ワインファクトリー」を選択します。

※ ↵ (段落記号)を含めずに選択します。

②《ホーム》タブを選択します。

③《クリップボード》グループの ▤ (コピー)をクリックします。

④「総務部」の前にカーソルを移動します。

⑤《クリップボード》グループの ▤ (貼り付け)をクリックします。

❿

①《ファイル》タブを選択します。

②《印刷》をクリックします。

③《A4》になっていることを確認します。

④印刷イメージで文書が1ページに収まっていることを確認します。

⓫

①《ファイル》タブが選択されていることを確認します。

②《名前を付けて保存》をクリックします。

③《参照》をクリックします。

④ファイルを保存する場所を選択します。

※《PC》→《ドキュメント》→「日商PC 文書作成3級 Word 2019／2016」→「第6章」を選択します。

⑤《ファイル名》に「新商品試飲会のご案内」と入力します。

⑥《保存》をクリックします。

実技科目

完成例

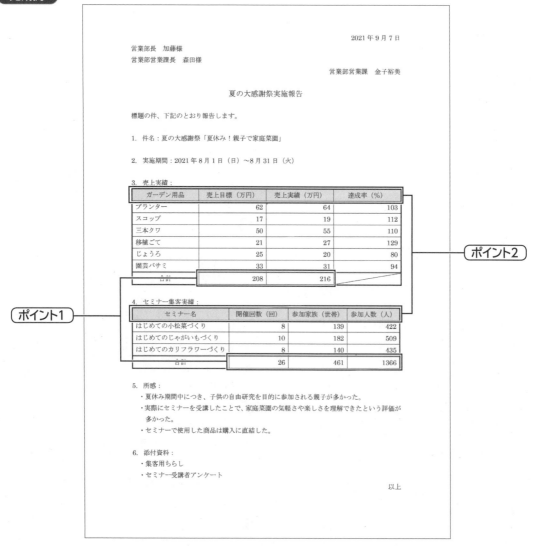

2021 年 9 月 7 日

営業部長　加藤様
営業部営業課長　森田様

営業部営業課　金子裕美

夏の大感謝祭実施報告

標題の件、下記のとおり報告します。

1. 件名：夏の大感謝祭「夏休み！親子で家庭菜園」

2. 実施期間：2021 年 8 月 1 日（日）～8 月 31 日（火）

3. 売上実績：

ガーデン用品	売上目標（万円）	売上実績（万円）	達成率（%）
プランター	62	64	103
スコップ	17	19	112
三本クワ	50	55	110
移植ごて	21	27	129
じょうろ	25	20	80
園芸バサミ	33	31	94
合計	208	216	

ポイント2

4. セミナー集客実績：

セミナー名	開催回数（回）	参加家族（世帯）	参加人数（人）
はじめての小松菜づくり	8	139	422
はじめてのじゃがいもづくり	10	182	509
はじめてのカリフラワーづくり	8	140	435
合計	26	461	1366

ポイント1

5. 所感：
　・夏休み期間中につき、子供の自由研究を目的に参加される親子が多かった。
　・実際にセミナーを受講したことで、家庭菜園の気軽さや楽しさを理解できたという評価が
　　多かった。
　・セミナーで使用した商品は購入に直結した。

6. 添付資料：
　・集客用ちらし
　・セミナー受講者アンケート

以上

 解答のポイント

ポイント1

計算は暗算でもかまいませんが、Wordの計算機能を使えば簡単に間違いなく計算できます。

ポイント2

網かけの色や濃度に指定がない場合には、文字が見えなくならないように薄めの色を選択します。

操作手順

####

①セミナー集客実績の表内をポイントします。

②1列目と2列目の間の罫線の上側をポイントします。

③ ⊕ をクリックします。

④1行2列目のセルに「開催回数（回）」と入力します。

❷

①セミナー集客実績の表の2行2列目のセルに「8」と入力します。

②同様に、3行2列目のセルに「10」、4行2列目のセルに「8」と入力します。

❸

①売上実績の表の7行4列目のセルにカーソルを移動します。

②[Tab]を押します。

③表の8行1列目のセルに「合計」と入力します。

④《表ツール》の《レイアウト》タブを選択します。

⑤《配置》グループの 目 (中央揃え)をクリックします。

❹

①売上実績の表の8行4列目のセルにカーソルを移動します。

②《表ツール》の《デザイン》タブを選択します。

③《飾り枠》グループの (罫線)の 罫線 をクリックします。

④《斜め罫線(右上がり)》をクリックします。

❺

①「売上目標(万円)」の「合計」のセルにカーソルを移動します。

②《表ツール》の《レイアウト》タブを選択します。

③《データ》グループの fx 計算式 (計算式)をクリックします。

※《データ》グループが表示されていない場合は、 (表のデータ)をクリックします。

④《計算式》が「=SUM(ABOVE)」になっていることを確認します。

⑤《OK》をクリックします。

⑥「売上実績(万円)」の「合計」のセルにカーソルを移動します。

⑦[F4]を押します。

⑧同様に、「開催回数(回)」「参加家族(世帯)」「参加人数(人)」の合計のセルに合計を記入します。

❻

①売上実績の表の7行目を選択します。

②[Ctrl]を押しながら、セミナー集客実績の表の4行目を選択します。

③《表ツール》の《デザイン》タブを選択します。

④《飾り枠》グループの ━━━━ (ペンのスタイル)の をクリックします。

⑤《 ━━━━ 》をクリックします。

⑥《飾り枠》グループの 0.5 pt ━━ (ペンの太さ)の をクリックします。

⑦任意の太さをクリックします。

※本書では、《0.5pt》を設定しています。

⑧《飾り枠》グループの (罫線)の 罫線 をクリックします。

⑨《下罫線》をクリックします。

❼

①売上実績の表内をクリックします。

② (表の移動ハンドル)をクリックします。

③《表ツール》の《デザイン》タブを選択します。

④《飾り枠》グループの ━━━━ (ペンのスタイル)の をクリックします。

⑤《 ━━━━ 》をクリックします。

⑥《飾り枠》グループの 0.5 pt ━━ (ペンの太さ)の をクリックします。

⑦任意の太さをクリックします。

※本書では、《1.5pt》を設定しています。

⑧《飾り枠》グループの (罫線)の 罫線 をクリックします。

⑨《外枠》をクリックします。

⑩セミナー集客実績の表内をクリックします。

⑪ (表の移動ハンドル)をクリックします。

⑫[F4]を押します。

❽

①売上実績の表の1行目を選択します。

②[Ctrl]を押しながら、セミナー集客実績の表の1行目を選択します。

③《表ツール》の《デザイン》タブを選択します。

④《表のスタイル》グループの (塗りつぶし)の 塗りつぶし をクリックします。

⑤任意の色をクリックします。

※本書では、《白、背景1、黒+基本色15%》を設定しています。

❾

①《ファイル》タブを選択します。

②《印刷》をクリックします。

③《A4》になっていることを確認します。

④印刷イメージで文書が1ページに収まっていることを確認します。

❿

①《ファイル》タブが選択されていることを確認します。

②《名前を付けて保存》をクリックします。

③《参照》をクリックします。

④ファイルを保存する場所を選択します。

※《PC》→《ドキュメント》→「日商PC 文書作成3級 Word 2019／2016」→「第7章」を選択します。

⑤《ファイル名》に「夏の大感謝祭実施報告」と入力します。

⑥《保存》をクリックします。

実技科目

完成例

2021 年 3 月吉日

お客様各位

株式会社アロハファッション

「ALOHA ポイント倶楽部」のご案内

拝啓　時下ますますご清栄のこととお喜び申し上げます。

　平素は、弊社の通信販売サイト「ALOHA モール」をご利用いただきまして誠にありがとうございます。

　さて、このたび弊社では、お買い上げ時にポイントを付与する「ALOHA ポイント倶楽部」を導入することになりました。「ALOHA ポイント倶楽部」では、年間のご購入金額に応じて、有効期限なしのポイントを還元いたします。詳しくは、同封のパンフレットをご高覧くださいますようお願い申し上げます。

　今後とも末永くご愛顧賜りますよう、お願い申し上げます。

敬具

記

1.　導入開始日時：4 月 1 日（木）10 時より

2.　ポイントステージ

ポイント1

年間購入金額	ランク	還元ポイント		VIP 特典
3〜5 万円未満	シルバー	ポイント2倍		お誕生日に誕生日ポイント
5〜10 万円未満	ゴールド	ポイント3倍		
10〜15 万円未満	プラチナ	ポイント4倍		
15 万円以上	ダイヤモンド	ポイント5倍		

ポイント2

※通常ご購入金額 200 円（税別）ごとに 1 ポイント付与します。

※ALOHA ポイントは、1 ポイント＝1円として、次回以降のお買い物に利用できます。

※4 月 1 日（木）10 時以前のご注文分についてはポイント付与対象になりません。

※消費税、送料、返品、取り消した商品の金額は、ご購入金額には含みません。

3.　同封書類

　　パンフレット「ALOHA ポイント倶楽部」　　　1 部

以上

解答のポイント

ポイント1

図形の大きさについて指示はありませんが、「ポイント2倍」の図形の大きさがセル1マス分なので、「ポイント3倍」の図形はセル2マス分、「ポイント4倍」の図形はセル3マス分、「ポイント5倍」の図形はセル4マス分と考えることができます。

ポイント2

テキストボックス内の文字は、全体のバランスを見て読みやすい位置で改行するとよいでしょう。

操作手順

❶

①「2倍」の図形の「2倍」の前にカーソルを移動します。

②「ポイント」と入力します。

③「ポイント2倍」の図形の枠線をクリックします。

※図形全体が選択されます。

④《ホーム》タブを選択します。

⑤《フォント》グループの 10.5 ▼ （フォントサイズ）の ▼ をクリックし、一覧から《8》を選択します。

⑥《フォント》グループの 　　　　▼ （フォント）の ▼ をクリックし、一覧から《MSゴシック》を選択します。

❷

①「ポイント2倍」の図形が選択されていることを確認します。

②《書式》タブを選択します。

③《図形の挿入》グループの [図形の編集] (図形の編集)をクリックします。

④《図形の変更》をポイントします。

⑤ **2019**
《ブロック矢印》の ▭ (矢印:五方向)をクリックします。

2016
《ブロック矢印》の ▭ (ホームベース)をクリックします。

※お使いの環境によっては、「ホームベース」が「矢印:五方向」と表示されることがあります。

❸

①「ポイント2倍」の図形が選択されていることを確認します。

②《書式》タブを選択します。

③《図形のスタイル》グループの [図形の枠線] (図形の枠線)の ▾ をクリックします。

④《太さ》をポイントします。

⑤任意の太さをクリックします。

※本書では、《2.25pt》を設定しています。

⑥《図形のスタイル》グループの [図形の塗りつぶし] (図形の塗りつぶし)の ▾ をクリックします。

⑦任意の色をクリックします。

※本書では、《テーマの色》の《青、アクセント1、白+基本色80%》を設定しています。

❹

①「ポイント2倍」の図形が選択されていることを確認します。

② [Shift] と [Ctrl] を同時に押しながら、図形の枠線を下方向にドラッグします。

③同様に、図形を下方向に2つコピーします。

④上から2つ目の図形の「2倍」を選択します。

⑤「3倍」と入力します。

⑥同様に、上から3つ目の図形に「4倍」、上から4つ目の図形に「5倍」と入力します。

⑦「ポイント3倍」の図形をクリックします。

⑧図形の〇 (ハンドル)をドラッグして、長さを調整します。

⑨同様に、「ポイント4倍」「ポイント5倍」の図形の長さを調整します。

❺

①《挿入》タブを選択します。

②《テキスト》グループの [テキストボックス] (テキストボックスの選択)をクリックします。

③《縦書きテキストボックスの描画》をクリックします。

④マウスポインターの形が ✚ に変わったら、始点から終点までドラッグします。

⑤「お誕生月に誕生日ポイント」と入力します。

⑥テキストボックスの枠線をクリックします。

⑦《書式》タブを選択します。

⑧《テキスト》グループの [文字の配置] (文字の配置)をクリックします。

⑨《中央揃え》をクリックします。

⑩《ホーム》タブを選択します。

⑪《フォント》グループの [MS 明朝 ▾] (フォント)の ▾ をクリックし、一覧から《MSゴシック》を選択します。

⑫「お誕生月に」の後ろにカーソルを移動します。

⑬ [Enter] を押して改行します。

❻

①テキストボックスの枠線をクリックします。

②《書式》タブを選択します。

③《図形のスタイル》グループの [図形の枠線] (図形の枠線)の ▾ をクリックします。

④《太さ》をポイントします。

⑤《1.5pt》をクリックします。

⑥《図形のスタイル》グループの [図形の塗りつぶし] (図形の塗りつぶし)の ▾ をクリックします。

⑦任意の色をクリックします。

※本書では、《テーマの色》の《ゴールド、アクセント4、白+基本色80%》を設定しています。

❼

①《ファイル》タブを選択します。

②《印刷》をクリックします。

③《A4》になっていることを確認します。

④印刷イメージで文書が1ページに収まっていることを確認します。

❽

①《ファイル》タブが選択されていることを確認します。

②《名前を付けて保存》をクリックします。

③《参照》をクリックします。

④ファイルを保存する場所を選択します。

※《PC》→《ドキュメント》→「日商PC 文書作成3級 Word 2019／2016」→「第8章」を選択します。

⑤《ファイル名》に「ALOHAポイント倶楽部のご案内(完成)」と入力します。

⑥《保存》をクリックします。

Ａnswer　第1回　模擬試験　解答と解説

知識科目

■問題1

（解答）**2**

照会状	社外文書
督促状	社外文書
稟議書	社内文書
上申書	社内文書
規則書	社内文書
協約書	社内文書

■問題2

（解答）**3**　欠席者

■問題3

（解答）**2**　次のように会議を開催します。
　　　　日　　時：7月1日（木）13：00～14：00
　　　　場　　所：本館C会議室
　　　　テーマ：7月度全社QAの取り組み

■問題4

（解答）**1**　時下、ますますご清栄のこととお喜び申し上げます。

■問題5

（解答）**2**　何なりと申してください。

■問題6

（解答）**2**　返信

■問題7

（解答）**1**　拡げる

（解説）「拡」は常用漢字ですが、「ひろ」という読み方は常用漢字表の音訓には載っていないので使えません。「広げる」を使います。

■問題8

（解答）**1**　マトリックス型図解

■問題9

（解答）**3**　会議室を使用する場合は、使用日の前日までに電子メールで担当者に連絡してください。

■問題10

（解答）**3**　10人中6人が合格しました。

完成例

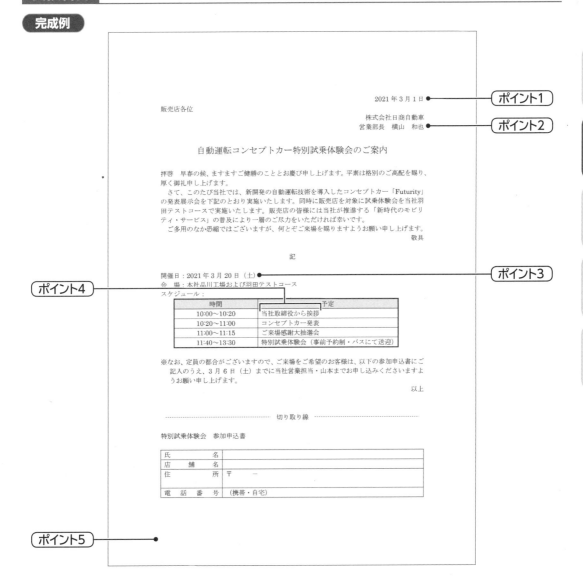

ポイント1

ポイント2

ポイント3

ポイント4

ポイント5

解答のポイント

ポイント1

発信日付の数字を全角数字で入力するか半角数字で入力するかは、元の文書に合わせます。ただし、問題文に指示があれば、その指示に従います。なお、全角と半角が混在しないようにしましょう。

ポイント2

発信者の名前を入力するときに、姓と名の間を1字分空けるかどうかも、元の文書に合わせます。元の文書に名前がなければ、姓と名の間を1字分空けても空けなくてもどちらでもかまいません。

ポイント3

日付の変更をする場合、月日だけではなく年や曜日の変更も忘れないようにします。

ある箇所を修正した場合には、その影響が別の箇所にも

及ぶことがあります。特に指示がなくてもよく注意して見逃さないようにしましょう。

また、該当箇所を素早く見つけることも大切です。

ポイント4

行を挿入したあとの文字の位置は、元の表に合わせて変更します。挿入した行の前後に設定されている書式をしっかりと確認しましょう。

ポイント5

1ページに収まるようにレイアウトします。

文書が2ページになった場合は、文末の余分な空白行を削除して1ページに収まるように調整します。文中の空白行を削除すると採点に影響が出る可能性があるため、問題文に指示がない限り、文中の空白行は削除しないようにします。

文末に余分な空白行がない場合は、ページ設定で余白や行数を調節します。

❶
①「2020年7月1日」を「2021年3月1日」に修正します。

❷
①「高野　肇」を「横山　和也」に修正します。

❸
①「2020年7月19日（日）」を「2021年3月20日（土）」に修正します。

❹
①標題の「新型エコカー」を「自動運転コンセプトカー」に修正します。

❺
①主文内の「新型エコカー「Eシリーズ」」を「コンセプトカー「Futurity」」に修正します。

❻
①表内の「新型エコカー」を「コンセプトカー」に修正します。

❼
①「何とぞ」の前にカーソルを移動します。
②「ご多用のなか恐縮ではございますが、」と入力します。

❽
①「盛夏」を「早春」に修正します。

❾
①「このたび当社では、…」の行の先頭にカーソルを移動します。
②「さて、」と入力します。

❿
①スケジュール表の表内をポイントします。
②表の1行目と2行目の間の罫線の左側をポイントします。
③⊕をクリックします。
④表の2行1列目のセルに「10:00～10:20」と入力します。
⑤表の2行2列目のセルに「当社取締役から挨拶」と入力します。
⑥表の2行2列目のセルにカーソルが表示されていることを確認します。
⑦《表ツール》の《レイアウト》タブを選択します。
⑧《配置》グループの▤（両端揃え（上））をクリックします。
※お使いの環境によっては、「両端揃え（上）」が「上揃え（左）」と表示されることがあります。

⑨表の3行1列目のセルの「11:00～12:00」を「10:20～11:00」に修正します。
⑩表の3行目と4行目の間の罫線の左側をポイントします。
⑪⊕をクリックします。
⑫表の4行1列目のセルに「11:00～11:15」と入力します。
⑬表の4行2列目のセルに「ご来場感謝大抽選会」と入力します。
⑭表の5行1列目のセルの「13:00～14:30」を「11:40～13:30」に修正します。

⓫
①スケジュール表の表内をポイントし、✛（表の移動ハンドル）をクリックします。
②《表ツール》の《デザイン》タブを選択します。
③《飾り枠》グループの［―――――］（ペンのスタイル）の▾をクリックします。
④《――――――》をクリックします。
⑤《飾り枠》グループの［0.5 pt ――――］（ペンの太さ）の▾をクリックします。
⑥任意の太さをクリックします。
※本書では、《1.5pt》を設定しています。
⑦《飾り枠》グループの▦（罫線）の罫線▾をクリックします。
⑧《外枠》をクリックします。

⓬
①スケジュール表の1行目を選択します。
③《表ツール》の《デザイン》タブを選択します。
④《表のスタイル》グループの▨（塗りつぶし）の塗りつぶし▾をクリックします。
⑤任意の色をクリックします。
※本書では、《テーマの色》の《白、背景1、黒+基本色15％》を設定しています。

⓭
①「7月5日（日）」を「3月6日（土）」に修正します。

⓮
①「新田」を「山本」に修正します。

⓯
①「切り取り線」の2行下にカーソルを移動します。
②「特別試乗体験会　参加申込書」と入力します。

⓰
①参加申込書の表の表内をポイントします。
②表の1行目と2行目の間の罫線の左側をポイントします。
③⊕をクリックします。
④表の2行1列目のセルに「店舗名」と入力します。

⓱

①参加申込書の表の1列目を選択します。

②《ホーム》タブを選択します。

③《段落》グループの 🔳 (均等割り付け)をクリックします。

⓲

①文末にカーソルを移動します。

② Delete を押します。

③《ファイル》タブを選択します。

④《印刷》をクリックします。

⑤《A4》になっていることを確認します。

⑥印刷イメージ文書が1ページに収まっていることを確認します。

⓳

①《ファイル》タブが選択されていることを確認します。

②《名前を付けて保存》をクリックします。

③《参照》をクリックします。

④ファイルを保存する場所を選択します。

※《PC》→《ドキュメント》→「日商PC 文書作成3級 Word 2019／2016」→「模擬試験」を選択します。

⑤《ファイル名》に「コンセプトカー特別試乗体験会案内」と入力します。

⑥《保存》をクリックします。

知識科目

■問題1

解答 **3** 残された時間にはかぎりがある。

■問題2

解答 **1** 前文と末文は必要であるが、いずれも簡潔な表現にする。

■問題3

解答 **1** 拝復－敬具

■問題4

解答 **1** 文書を管理するための番号である。

■問題5

解答 **3** 洩

解説 「誰」「桁」は常用漢字ですが、「洩」は常用漢字ではありません。

■問題6

解答 **3** 店の前に、目立つイラストが描かれた看板が設置されています。

■問題7

解答 **2** 「A」を強調するために切り出している。

■問題8

解答 **1** 「である体」で書くのが基本である。

■問題9

解答 **3** 本日の出席者が本テーマに少しでも関心を持ってもらえるよう、資料を用意しました。

解説 「3」の主語と述語を抽出すると、「出席者が」「持ってもらえる」となり正しい対応になっていません。「出席者が」「持つよう」としなければなりません。「1」と「2」は「利回りが」「低下しました」、「ファミリーレストランは」「追い込まれました」となっており、主語と述語が正しく対応しています。

■問題10

解答 **1** 文書ライフサイクルの各プロセスで、閲覧や文書データの再利用などがなされることをいう。

完成例

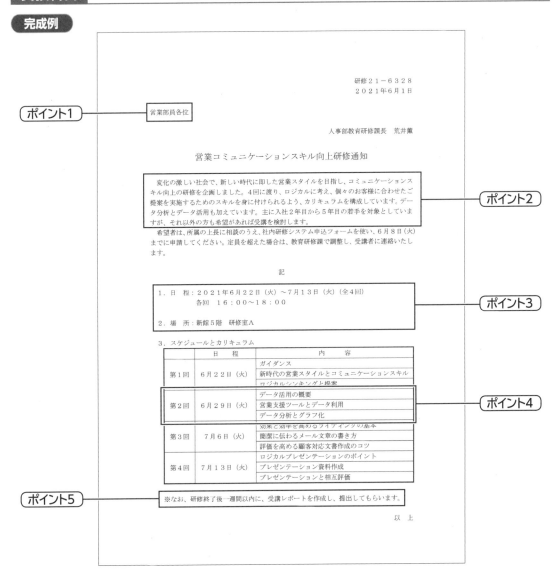

解答のポイント

ポイント1
宛名に敬称を付けます。「営業部員」と複数の人を宛先にしているので、「各位」を付けましょう。

ポイント2
主文の先頭3行を削除し、指定された文章を入力します。句読点の位置に留意しながら、正確に入力しましょう。

ポイント3
記書きの日程と場所を指示に従って修正します。

ポイント4
第3回までの表に行を追加して、4回分のカリキュラムに修正します。「第1回」のすべての行をコピーして4回分にし、内容を書き換えます。修正の指示がある、第1回のカリキュラムの修正も忘れずに行いましょう。

ポイント5
表の下に1行空けて、指定された文章を追記します。「1行空けて」の指示のとおりに、表の下で改行をして、追加した行に文章を入力します。

❶

① 「研修20−5074」を「研修21−6328」に修正します。

❷

① 「2020年5月20日」を「2021年6月1日」に修正します。

❸

① 「営業部員」の後ろにカーソルを移動します。

② 「各位」と入力します。

❹

① 「営業部員研修開催について」を「営業コミュニケーションスキル向上研修通知」に修正します。

❺

① 主文内の「営業部員の・・・」から「・・・受講を検討します。」までの行を選択します。

② 問題文の指示のとおりに「変化の激しい社会で…検討します。」と入力します。

❻

① 主文内の「5月26日（火）」を「6月8日（火）」に修正します。

❼

① 記書きの日程の「2020年6月2日（火）〜16日（火）（全3回）」を「2021年6月22日（火）〜7月13日（火）（全4回）」に修正します。

❽

① 記書きの場所の「本社ビル10階　セミナールーム」を「新館5階　研修室A」に修正します。

❾

① 表の「第1回」の行をすべて選択します。

② 《ホーム》タブを選択します。

③ 《クリップボード》グループの ⬚ （コピー）をクリックします。

④ 「第2回」のセルにカーソルを移動します。

⑤ 《クリップボード》グループの ⬚ （貼り付け）をクリックします。

⑥ 3行1列目のセルを「第2回」と修正します。

⑦ 4行1列目のセルを「第3回」と修正します。

⑧ 同様に、5行1列目のセルを「第4回」に修正します。

⑨ 「第1回」の日程を「6月22日（火）」に修正します。

⑩ 同様に、「第2回」から「第4回」までの日程を修正します。

⑪ 「第1回」の「営業力とは」を「新時代の営業スタイルとコミュニケーションスキル」に修正します。

⑫ 同様に、「第1回」の「営業の3つのS」を「ロジカルシンキングと提案」に修正します。

⑬ 「第2回」の「ガイダンス」を「データ活用の概要」に修正します。

⑭ 同様に、「第2回」の「営業力とは」を「営業支援ツールとデータ利用」、「営業の3つのS」を「データ分析とグラフ化」に修正します。

❿

① 表内をポイントします。

② ⬚ （表の移動ハンドル）をクリックします。

③ 《表ツール》の《デザイン》タブを選択します。

④ 《飾り枠》グループの ［――――――］ （ペンのスタイル）の ▾ をクリックします。

⑤ 《 ―――――― 》をクリックします。

⑥ 《飾り枠》グループの ［0.5 pt ―――］ （ペンの太さ）の ▾ をクリックします。

⑦ 任意の太さをクリックします。

※本書では《1.5pt》を設定しています。

⑧ 《飾り枠》グループの ⬚ （罫線）の ⬚ をクリックします。

⑨ 《外枠》をクリックします。

⓫

① 表の下の行にカーソルを移動します。

② Enter を押して改行します。

③ 「※なお、研修終了後一週間以内に、受講レポートを作成し、提出してもらいます。」と入力します。

④ Enter を押して改行します。

⓬

① 文末にカーソルを移動します。

② Delete を押します。

③ 《ファイル》タブを選択します。

④ 《印刷》をクリックします。

⑤《A4》になっていることを確認します。

⑥印刷イメージで文書が1ページに収まっていること
を確認します。

⓭

①《ファイル》タブが選択されていることを確認します。

②《名前を付けて保存》をクリックします。

③《参照》をクリックします。

④ファイルを保存する場所を選択します。

※《PC》→《ドキュメント》→「日商PC 文書作成3級 Word
2019／2016」→「模擬試験」を選択します。

⑤《ファイル名》に「営業コミュニケーションスキル向
上研修」と入力します。

⑥《保存》をクリックします。

知識科目

■ 問題 1

(解答) **2** 文末を名詞で止める文をいう。

■ 問題 2

(解答) **1** 事実と意見（私見）は区別できるように分けて記述する。

■ 問題 3

(解答) **1** 「0」を含む目盛りの一部を省略してもよい。

■ 問題 4

(解答) **3** 日商販売株式会社　営業部御中

■ 問題 5

(解答) **1** 貴方

■ 問題 6

(解答) **2** 1. 卵をよくかき混ぜ、塩とコショウを少々加えます。
2. 耐熱の器にオーブンシートを敷いて、卵を流し込みます。
3. 200℃で10分間、オーブンで加熱すれば完成です。

■ 問題 7

(解答) **1** 3階層程度にとどめるのがよい。

■ 問題 8

(解答) **3** 貴社ますますご隆盛のこととお喜び申し上げます。

■ 問題 9

(解答) **2** 電話番号やファクス番号も入れる。

■ 問題 10

(解答) **1** 指揮を執る。

(解説) 「飛球を採る」は「飛球を捕る」、「小川で魚を取る」は「小川で魚を捕る」が正しい漢字です。

完成例

総務部業連第 21-002 号
2021 年 4 月 12 日

業務部各位
施設保安部各位

総務部長　山田春男

取引業者とのミーティングフロア新設と運用に関する連絡

セキュリティー強化対策の一環として、下記のように取引業者とのミーティングフロアを新設し、その運用方法を定めました。全員に周知されますようお願いします。

記

1　新設ミーティングフロア：C 棟 1 階

2　運用開始：2021 年 4 月 19 日（月）より

3　運用方法：
(1) 運用の図示
　　入室から退室までの流れは、下図のとおりである。図の下側の文字は、該当者を示している。

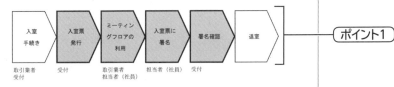

入室
手続き　入室票
発行　ミーティングフロアの利用　入室票に署名　署名確認　退室

取引業者
受付　受付　取引業者
担当者（社員）　担当者（社員）　受付

→　ポイント1

(2) ミーティングフロアの解錠時間について
　　解錠時間：9 時〜19 時（平日）
　　上記以外の時間に利用する場合は、下記の要領で利用すること。
　① C 棟の社員専用出入口から入り、内側から業者専用出入口を開ける。
　② 照明、空調の電源が入っていない場合には電源を入れ、利用後に電源を切って退室する。

4　本業務連絡の問い合わせ先：
　　総務部　田中（内線：1234　e-mail：hajime.tanaka@nissho-bunsho.co.jp）
　　　　　　　　　　　　　　　　　　　　　　　　　　　　　　　　以上

→　ポイント2

解答のポイント

ポイント1
プロセス図内の文字は、全体のバランスを見て、必要に応じて改行しましょう。

ポイント2
行頭を合わせて追加するという指示はありませんが、ほかの項目の行頭位置に合わせて追加します。
文全体の左側を空けるときは、インデント機能を使います。

操作手順

❶
① 「2021年4月12日」の行の先頭にカーソルを移動します。
② [Enter] を押して改行します。
③ 文頭にカーソルを移動します。
④ 「総務部業連第21-002号」と入力します。

❷
① 「業務部各位」の後ろにカーソルを移動します。
② [Enter] を押して改行します。
③ 「施設保安部各位」と入力します。

❸

①「総務部長　山田春男」の下の行にカーソルを移動します。

②[Enter]を押して改行します。

③「取引業者とのミーティングフロア新設と運用に関する連絡」と入力します。

④[Enter]を押して改行します。

⑤「取引業者とのミーティングフロア…」で始まる行にカーソルを移動します。

⑥《ホーム》タブを選択します。

⑦《段落》グループの ≡ (中央揃え)をクリックします。

❹

①「取引業者とのミーティングフロア…」で始まる行を選択します。

②《ホーム》タブを選択します。

③《フォント》グループの [10.5 ▼] (フォントサイズ)の ▼ をクリックし、一覧から《12》を選択します。

④《フォント》グループの [MS 明朝 ▼] (フォント)の ▼ をクリックし、一覧から《MSゴシック》を選択します。

⑤《フォント》グループの [U] (下線)をクリックします。

❺

①「きょうか」にカーソルを移動します。

②[変換]を押します。

③何回か [＿＿＿] (スペース)を押し、「強化」にカーソルを合わせます。

④[Enter]を押します。

⑤「たいさく」にカーソルを移動します。

⑥[変換]を押します。

⑦何回か [＿＿＿] (スペース)を押し、「対策の」にカーソルを合わせます。

⑧[Enter]を押します。

⑨同様に、「しゅうち」を「周知」に変換します。

❻

①「一貫」にカーソルを移動します。

②[変換]を押します。

③何回か [＿＿＿] (スペース)を押し、「一環として」にカーソルを合わせます。

④[Enter]を押します。

❼

①「　2　運用方法：」の行の先頭にカーソルを移動します。

②[Enter]を2回押します。

③「　2　運用方法：」の2つ上の行にカーソルを移動します。

④「　2　運用開始：2021年4月19日(月)より」と入力します。

⑤「　2　運用方法：」の「2」を「3」に修正します。

⑥「　3　本業務連絡の問い合わせ先：」の「3」を「4」に修正します。

❽

①「…下図のとおりです。」の「です」を「である」に修正します。

②「…該当者を示しています。」の「います」を「いる」に修正します。

❾

①左から3番目の図形をクリックします。

②「ミーティングフロアの利用」と入力します。

③左から4番目の図形をクリックします。

④「入室票に署名」と入力します。

⑤左から5番目の図形をクリックします。

⑥「署名確認」と入力します。

❿

①「署名確認」の図形をクリックします。

②[Ctrl]と[Shift]を同時に押しながら、図形の枠線を右方向にドラッグします。

③コピーした図形の「署名確認」を「退室」に修正します。

⓫

①「入室手続き」の図形を選択します。

②[Shift]を押しながら、「入室票発行」「ミーティングフロアの利用」「入室票に署名」「署名確認」「退室」の図形をクリックします。

③《ホーム》タブを選択します。

④《フォント》グループの [10.5 ▼] (フォントサイズ)の ▼ をクリックし、一覧から《9》を選択します。

⑤《フォント》グループの [MS 明朝 ▼] (フォント)の ▼ をクリックし、一覧から《MSゴシック》を選択します。

⑥「入室票に署名」の図形の「入室票に」の後ろにカーソルを移動します。

⑦[Enter]を押します。

⓬

①「入室票発行」の図形をクリックします。

②[Shift]を押しながら、「ミーティングフロアの利用」「入室票に署名」「署名確認」の図形をクリックします。

③《書式》タブを選択します。

④《図形のスタイル》グループの [🎨 ▼] (図形の塗りつぶし)の ▼ をクリックします。

⑤任意の色をクリックします。

※本書では、《テーマの色》の《青、アクセント5、白+基本色60%》を設定しています。

⑥《図形のスタイル》グループの 🖊▾ （図形の枠線）の ▾ をクリックします。

⑦《太さ》をポイントします。

⑧現在の《幅》が「1pt」になっていることを確認します。

⑨《その他の線》をクリックします。

⑩《図形の書式設定》作業ウィンドウの《線》の詳細が表示されていることを確認します。

⑪《幅》を「2pt」に設定します。

⑫《図形の書式設定》作業ウィンドウの ✕ （閉じる）をクリックします。

⓭

①「解錠時間：9時〜19時（平日）」の後ろにカーソルを移動します。

②[Enter]を押して改行します。

③「上記以外の時間に利用する場合は、下記の要領で利用すること。」と入力します。

④[Enter]を押して改行します。

⑤「①C棟の社員専用出入口から入り、内側から業者専用出入口を開ける。」と入力します。

⑥[Enter]を押して改行します。

⑦「②照明、空調の電源が入っていない場合には電源を入れ、利用後に電源を切って退室する。」と入力します。

⓮

①「　4　本業務連絡の問い合わせ先：」の後ろにカーソルを移動します。

②[Enter]を押して改行します。

③「総務部　田中(内線:1234　e-mail:hajime.tanaka@nissho-bunsho.co.jp)」と入力します。

④《ホーム》タブを選択します。

⑤《段落》グループの 🗏 （インデントを増やす）を2回クリックします。

⓯

①「総務部　田中…」で始まる行の文末にカーソルを移動します。

②[Enter]を押して改行します。

③「以上」と入力します。

④《ホーム》タブを選択します。

⑤《段落》グループの 🗏 （右揃え）をクリックします。

⓰

①《ファイル》タブを選択します。

②《印刷》をクリックします。

③《A4》になっていることを確認します。

④印刷イメージで文書が1ページに収まっていることを確認します。

⓱

①《ファイル》タブが選択されていることを確認します。

②《名前を付けて保存》をクリックします。

③《参照》をクリックします。

④ファイルを保存する場所を選択します。

※《PC》→《ドキュメント》→「日商PC 文書作成3級 Word 2019／2016」→「模擬試験」を選択します。

⑤《ファイル名》に「総務部業連第21-002号」と入力します。

⑥《保存》をクリックします。

第1回 模擬試験 採点シート

チャレンジした日付

年　　　　月　　　　日

知識科目

問題	解答	正答	備考欄
1			
2			
3			
4			
5			
6			
7			
8			
9			
10			

実技科目

設問	内容	判定
1	発信日が正しく入力されている。	
2	発信者が正しく変更されている。	
3	開催日が正しく入力されている。	
4	標題が正しく変更されている。	
5	主文が正しく変更されている。	
6	スケジュール表内が正しく変更されている。	
7	主文内の適切な箇所に正しく挿入されている。	
8	時候の挨拶が正しく変更されている。	
9	主文の書き出しが正しく挿入されている。	
10	スケジュール表に行が正しく追加されている。	
	スケジュール表の内容が正しく追加されている。	
	スケジュール表の時間が正しく変更されている。	
11	スケジュール表の外枠の罫線が正しく設定されている。	
12	スケジュール表内の網かけが正しく設定されている。	
13	参加申込の締め切りが正しく入力されている。	
14	申込受付者が正しく変更されている。	
15	参加申込書の見出しが正しく追加されている。	
16	参加申込書の表に行が正しく追加されている。	
	参加申込書の表に項目名が正しく追加されている。	
17	参加申込書の表の均等割り付けが正しく設定されている。	
18	A4判用紙1枚に収まるようレイアウトされている。	
19	正しい保存先に正しい名前で保存されている。	

第2回 模擬試験 採点シート

知識科目

問題	解答	正答	備考欄
1			
2			
3			
4			
5			
6			
7			
8			
9			
10			

実技科目

設問	内容	判定
1	文書番号が正しく変更されている。	
2	発信日が正しく変更されている。	
3	宛名の後ろに敬称が正しく追加されている。	
4	標題が正しく変更されている。	
5	主文内の先頭3行が正しく変更されている。	
6	主文内の期限の日付が正しく変更されている。	
7	記書きの日程が正しく変更されている。	
8	場所が正しく変更されている。	
9	表に行が正しく追加されている。	
	表の内容が正しく変更されている。	
10	表の外枠の罫線が正しく設定されている。	
11	表の下に1行空け、文が正しく追加されている。	
12	A4判用紙1枚に収まるようレイアウトされている。	
13	正しい保存先に正しい名前で保存されている。	

確認問題

第1回

第2回

第3回

採点シート

第3回 模擬試験 採点シート

模擬試験　採点シート

知識科目

問題	解答	正答	備考欄
1			
2			
3			
4			
5			
6			
7			
8			
9			
10			

実技科目

設問	内容	判定
1	文書番号が正しく入力されている。	
2	宛名が正しく追加されている。	
3	標題が正しく入力されている。	
4	標題のフォントが正しく設定されている。	
4	標題に下線が正しく追加されている。	
5	主文が正しく変更されている。	
6	主文の漢字が正しく変更されている。	
7	記書きが正しく追加されている。	
7	記書きの項目番号が正しく変更されている。	
8	記書きの文体が正しく変更されている。	
9	プロセス図の内容が正しく入力されている。	
10	プロセス図が正しく追加されている。	
10	プロセス図の内容が正しく入力されている。	
11	プロセス図のフォントが正しく設定されている。	
12	プロセス図の網かけが正しく設定されている。	
12	プロセス図の枠線が正しく設定されている。	
13	解錠時間に文が正しく入力されている。	
14	問い合わせ先が正しく入力されている。	
15	「以上」が正しく入力されている。	
16	A4判用紙1枚に収まるようレイアウトされている。	
17	正しい保存先に正しい名前で保存されている。